素食厨房

[英] 露丝·格洛弗 [英] 劳拉·尼克 著
杨长春 等译

中国轻工业出版社

图书在版编目（CIP）数据

素食厨房 /（英）露丝·格洛弗，（英）劳拉·尼克著；杨长春等译. —北京：中国轻工业出版社，2022.5

ISBN 978-7-5184-3793-1

Ⅰ. ①素… Ⅱ. ①露… ②劳… ③杨… Ⅲ. ①素菜—菜谱 Ⅳ. ① TS972.123

中国版本图书馆 CIP 数据核字（2021）第 270365 号

责任编辑：王　玲　　责任终审：张乃柬
整体设计：锋尚设计　　责任校对：朱燕春　　责任监印：张京华

出版发行：中国轻工业出版社（北京东长安街6号，邮编：100740）
印　　刷：北京博海升彩色印刷有限公司
经　　销：各地新华书店
版　　次：2022年5月第1版第1次印刷
开　　本：720×1000　1/16　印张：11
字　　数：200千字
书　　号：ISBN 978-7-5184-3793-1　定价：68.00元
邮购电话：010-65241695
发行电话：010-85119835　传真：85113293
网　　址：http://www.chlip.com.cn
Email：club@chlip.com.cn
如发现图书残缺请与我社邮购联系调换
200617S1X101ZYW

素食厨房

前言

作为一个从小吃素且严格素食超过20年的人，素食的营养与健康已经成为我的职业、我的专长和我的激情所在。

从纽约的戏剧学校毕业后，我收拾好行李前往洛杉矶。在洛杉矶生活和工作期间，我的职业是演员，就是在那里，我对健康养生产生了浓厚兴趣，得到了真正的启发。尽管过着我梦想的生活（没有什么比加利福尼亚的太阳更好的了！），但有一些被我忽略的健康小问题不断烦扰着我，我希望它们能离开。尽管我如此享受加州的生活，但我心里明白，作为素食者，我没吃对食物，我的身体在通过各种形式向我示威——皮肤上有皮疹、激素不平衡、免疫系统脆弱并且总感到无精打采。

我开始寻找关于营养的书，并阅读我能得到的每一本营养书。最终，我给予身体所需，变得精力旺盛、神采奕奕，同时依然让我的饮食完全保持素食。我发现，计划周密、健康营养的纯素饮食不仅适合我、让我感觉良好，而且让我与食物产生了密切连接，并映射出我内心深处的价值观。当我回到生我养我的英国时，我是如此热衷于从事营养相关行业，以至于义无反顾地放弃我的演艺生涯，回到大学学习营养治疗。

我相信很多人都想选择纯素饮食，只是在纠结该如何去实现它。希望本书能引导、支持、帮助你去探索尚不熟悉的素食领域，从此开始探索素食营养，充满信心地做出明智的食物选择，品味素食带来的味道和愉悦，成为一个神采飞扬、喜乐健康的素食者。

欢迎开始素食之旅！

露丝

目录

纯素饮食

素食的益处与风险

什么是严格素食？简单地说，就是饮食中没有肉、蛋、奶及其制品和明胶、蜂蜜这类动物衍生食品，食材完全来源于植物，如谷物、豆类、蔬菜、水果、坚果、种子、香草和香料。

过去，素食似乎意味着食材选择范围有限且滋味寡淡，但事实上，素食能做到健康营养、美味可口，味道和质感变化都十分丰富。

素食饮食的益处

无论任何饮食，每个人的营养需求均取决于自己的年龄和健康状况，也取决于是否在孕期或者哺乳期。如果方法得当，考量个性化的营养需求，严格素食可适用于生命周期的所有阶段，包括婴儿期、童年期、青春期、孕期、哺乳期和老年期，也适用于运动员。

由于严格素食者的食材完全来自植物，所以素食者更容易摄入健康营养的全谷物、豆类、水果和蔬菜，这往往是许多人摄入不足的。以这几大类食物为基础的饮食益处颇多。例如，在一项研究中，科学家们从日本、瑞典、澳大利亚和希腊等不同国家找到了近800名长寿老人，并对他们进行了7年的观察，追踪他们的健康状况和食物选择。结果发现，在不考虑种族影响的情况下，大豆及其他豆类食物是最重要的：每天消耗的豆类食物数量每增加2汤匙[①]（约30克），早期死亡率就会降低8%。

研究还表明，与非严格素食者相比，严格素食者的某些营养成分摄入量往往更高，如膳食纤维、维生素C、维生素E、维生素B_1、镁和叶酸，而热量、胆固醇、饱和脂肪酸摄入一般较低。严格素食者往往更苗条，罹患心血管疾病和高血压的概率也更低。研究还表明，动物食品的消费量越高，罹患2型糖尿病和结肠癌的风险就越高。相反，一个人在饮食中摄入的五颜六色的水果和蔬菜越多，罹患某些癌症的风险就越低，比如乳腺癌、前列腺癌、口腔癌、喉癌、食管癌、胃癌和肺癌。

尽管严格素食似乎是一种新风尚，但在许多文化中，无论是过去还是现在，都是以植物性食物为基础的。有一种说法认为，人类的史前祖先最初是以植物来源的饮食为主的，后来才开始吃肉，而且只是偶尔才吃一次。

让我们把时间快速切换到大约公元前500年，希腊哲学家毕达哥拉斯首先提出了避免动物食品的概念，他提倡对所有物种都仁慈，包括人类。大约在同一时代，佛陀释迦牟尼也提倡素食，认为人类不应该对其他动物施以痛苦。直到今天，许多佛教徒仍然坚持植物性饮食。

1944年，英国木工唐纳德·沃森（Donald

① 本书中，1汤匙约为15克，1茶匙约为5克。

Watson）召集了另外六名不吃奶制品和鸡蛋的素食者，摒弃众多反对意见，发起了素食运动，并以“vegan”来形容素食群体，英国素食协会（The Vegan Society）就此成立了。

如今，越来越多的人出于各种原因开始采用植物性饮食，比如特别爱动物、增进个人健康等。

严格素食的风险

良好的严格素食有益健康，这是不言而喻的，但是素食可能是健康的，也可能是不健康的，就像肉食者一样，你可能是一个健康的肉食者，也可能是一个不健康的肉食者。

成为严格素食者并不能自动保证你的饮食健康或者不健康。因为市面上有太多标榜对素食者友好的素食其实都是垃圾食品，所以你需要做的不仅仅是给每天的吐司和意大利面配上点牛油果，更重要的是要确保你做出了明智决定，知道你需要把什么营养成分纳入到饮食中。

遵循严格素食存在一些潜在隐患。在营养方面，严格素食者容易缺乏维生素B_{12}、维生素D、ω-3脂肪酸、钙和锌。然而，大量研究表明，这一不足通常是由于饮食计划不完善造成的。本书里的素食知识不仅使你可以通过严格素食得到身体所需的营养，还能让你活力四射。

不言而喻，良好的严格素食有益健康。

改善消化功能

腹胀、消化不良、绞痛、便秘……听起来很熟？大多数人一生中总会在某个时候遇到消化问题。而且，肠道不健康会导致身体其他部位也不健康，所以肠道至关重要，关注肠道也至关重要。你的健康始于你的肠道，真的，你吃什么（吸收什么），就是什么。

聚焦膳食纤维

可以说，膳食纤维有助于“物体移动”。它有一种非凡的能力，吸水后会膨胀，体积会增大，刺激肠道感受器感受到牵拉，因而促使肠道蠕动。蠕动是一种波浪式的肌肉收缩，可沿着肠道将粪便轻轻地推出。

膳食纤维还有其他优点值得关注。当膳食纤维通过肠道时，它会与体内的废物结合，如过量的激素（尤其是雌激素）、多余的胆固醇和汞等重金属，帮助人体把它们排泄掉。体内激素或金属含量过高会增加罹患多种癌症的风险。

好消息是植物性食物富含膳食纤维。坏消息是，如果你是素食新手，膳食纤维摄入量的突然增加会导致身体在调整过程中出现腹胀和胃部不适。如果在目前饮食中，你每天吃到的水果和蔬菜少于5份（参见第45页），那增加膳食纤维摄入的过程要相对缓慢一些，一点一点地增加（它们来源于水果、蔬菜和全谷物）。你的消化系统最终会感谢你所做出的努力！

增加饮水量

如果喝水不够充足，膳食纤维会滞留在肠道内卡住不动，进而导致便秘和腹胀。肝脏作用非凡，每日都在任劳任怨地工作，清除体内的有害物质和代谢副产物，并将它们排入肠道，变成粪便排出体外。如果便秘了，这些物质会重新吸收，回到体内，引起各种不适，如激素失衡、头痛、皮肤问题、身体疲劳等。

感到口渴时，身体可能已经脱水，所以应确保喝足够的水，让尿液清亮。要记住，含咖啡因饮料不能算在内，因为它们有利尿作用，会促进尿液排泄，加重脱水。

肠道中的“虫子”

在消化系统中，有数以万亿计的细菌在此定居——它们共同生活在一个庞大而复杂的生态系统中。在这一群体中，有所谓的“好细菌”和“坏细菌”。好细菌包括某些特定的菌株（如嗜酸乳杆菌、双歧杆菌）和某些有益的酵母菌（如布拉迪酵母菌）。它们对人类健康非常有益，有利于食物消化，减

小贴士

如果喝水不够充足，膳食纤维会滞留在肠道内卡住不动，进而导致便秘和腹胀。

少肠道炎症，甚至还能在肠道内产生一些B族维生素和维生素K。所谓的坏细菌则包括潜在的有害细菌（如大肠杆菌、沙门氏菌、念珠菌等），它们可引起慢性或急性肠易激综合征。

肠道菌群的平衡非常微妙，很容易被破坏掉，引起肠易激综合征的症状，如便秘、腹泻、胃疼或消化系统其他部位疼痛，甚至导致关节炎、抑郁和免疫力低下。肠道细菌失衡很常见，可由多种因素引起，比如含糖食物、食物不耐受、压力、抗生素等，甚至连彻夜狂欢也是因素之一。

如何达到肠道菌群平衡

- **益生菌**是活的微生物，有益的酵母菌和细菌通常可改善、修复肠道菌群，因此益生菌可带来诸多健康效益。要将益生菌纳入饮食，常备一些发酵食物，如酸奶、发面食物、味噌、纳豆、素食泡菜等。这些食物中含有多种肠道喜欢的有益细菌，与美味菜肴搭配起来相得益彰。
- 在饮食中额外补充优质益生菌可帮助肠道重新接种到有益健康的细菌。补充剂的形式可以是丸剂、粉末或液体，有效疗程通常为1周、2周或1个月。如果你正在腹胀、胀气、腹泻或便秘，可能会发现用一个疗程就显效，可继续观察症状是否有所改善。益生菌在大多数健康食品店都能买到。
- **益生元**是食物中不可消化的部分，可以作为细菌的食物，给细菌提供能量，这样它们就可以大量繁殖和定植。明智的做法是在日常饮食中定期地加入益生元（最好是每周3～4次）。益生元最好的食物来源包括大蒜、洋葱、未熟透的（绿色）香蕉和麦麸。
- 确认食物不耐受：如果怀疑自己的消化系统不适是由吃到的某种食物引起的，试着在30天内排除这种可疑的食物。不适症状可能3天后才出现，所以最好每天记录所吃食物和症状，以帮助找到罪魁祸首。

激素

激素是身体各腺体分泌的化学信使，负责生长、新陈代谢、性和生殖功能、心情、情绪和饥饿等。一个精心制定的严格素食饮食计划，可对需要营养给予补充，为激素健康添砖加瓦。激素种类繁多、各有不同，以下是几类重要的激素。

性激素

性激素主要包括孕酮、睾丸激素和雌激素等，由胆固醇经过复杂的化学过程生成，同时需要许多营养辅助因子，如泛酸、维生素C和镁。

孕酮和雌激素是重要的雌性激素，由卵巢和肾上腺产生。雌激素也可由分布于全身的脂肪细胞产生。这些激素在一个错综复杂的系统中协同工作，理想状态下应是完美和谐的。但正如许多女性所知，平衡很脆弱，很易被打破，继而出现一系列与激素有关的状况和症状。

睾酮这种激素，尽管女性体内也少量存在，通常与男性相关。某些男性的睾酮激素水平低，出现性欲低下、骨密度降低和睡眠质量差等症状，主要是因为睾丸激素分泌腺（包括睾丸、脑下垂体和下丘脑腺）出现问题造成的。相反，如果女性体内睾酮水平较高，会导致痤疮、面部和身体毛发过多以及月经不调等问题。

甲状腺激素

甲状腺呈蝶形，位于颈前部甲状软骨下方。甲状腺会释放两种激素：三碘甲状腺素（T_3）和甲状腺素（T_4），这两种激素主要负责控制身体的新陈代谢，进而决定和左右你的体重、能量水平、体内温度、皮肤和头发健康。甲状腺疾病会导致甲状腺激素分泌过多或过少，导致甲状腺功能亢进或减退。碘、硒和锌对甲状腺健康至关重要，因此，严格素食者在饮食中定期摄入这些矿物质是很重要的。

压力激素

位于肾脏上方的肾上腺主要负责分泌三种应激激素：肾上腺素、去甲肾上腺素和皮质醇。肾上腺素和去甲肾上腺素都负责及时应对压力，可以在几秒钟内做出生理反应，比如心跳加速、肌肉供氧增加、精力集中和能量激增。这些过程来自人体的巧妙设计，保证在感到安全受到紧急威胁时，可以迅速做出反应。

皮质醇，从另一角度看，是为应对慢性压力（如现代生活中的日常压力）释放出来的应激激素。分泌量理想时，皮质醇有助于维持体液平衡、血压、免疫和生长。然而，如果皮质醇长时间大量释放，可导致免疫系统受到抑制、血压和血糖升高、痤疮、肥胖等问题。

B族维生素、维生素C、镁和健康脂肪对调节压力应激和支持肾上腺都是必不可少的。身体需要多种营养来分泌激素，水果和蔬菜则是养分供应站。

如何维持激素平衡

激素即使是出现微小失衡，也会对身体产生重大影响。有些人可以相对顺利地应对这些变化，而另一些人则觉得他们在强拉硬拽、勉为其难地应对这一切。激素可以决定一个人的体重、皮肤健康、心理健康和生命活力。幸运的是，这个复杂的系统发生混乱时，可以利用食疗的力量令其回归正常。

优化肠道功能

肠道健康至关重要。所有使用过的及多余的激素都需要在肠道与膳食纤维结合并排出体外。如果肠道功能不佳，无论是慢性便秘、消化不良还是腹泻，体内的激素平衡很快就会被打破。肠道健康状况是非常个性化的，因此精准找出并解决引发肠道问题的根源是非常重要的。

控制炎症

炎症可能是导致许多激素失衡的原因。每天食用少量的坚果和种子，特别是核桃、奇亚子和亚麻籽，可确保摄入了人体必需脂肪酸。这些脂肪酸对位于细胞膜上的激素受体的健康和体内抗炎化合物的产生至关重要。

平衡血糖水平

糖类不是人类的好朋友。过量食用会导致血糖失衡，进而使体内的其他激素，如皮质醇和性激素失衡。过多的糖类也会转化为脂肪，而脂肪细胞会产生雌激素，进而导致激素失衡。

适应原草药和香料

在人的身体或情绪遭受压力时，特定的适应原草药、香料和一些真菌，如南非醉茄、黄芪、人参、甘草、圣罗勒、某些蘑菇和红景天等，可通过调节肾上腺素的释放，做出适应和调整，帮助人应对周遭环境的改变。这些草药和香料可以作为补充剂，添加到茶或膳食中。举个例子，南非醉茄对那些很难放松的人来说效果很棒，它既能让人平静下来，又能让人精力充沛。此外，有证据表明红景天可提升智力和认知功能。

支持肝脏健康

如果肝脏功能不佳，可能意味着体内激素的清除受阻。肝脏制造了体内70%～80%的胆固醇，胆固醇可转化为许多重要激素，比如各种性激素和压力激素皮质醇。想让肝脏更健康，应吃足够多的十字花科蔬菜，如西蓝花、菜花、羽衣甘蓝、卷心菜和抱子甘

小贴士

“生物利用率”是指营养物质在胃肠道中被机体吸收到血液中并被机体细胞利用的程度。因此，一种食物富含某些营养素，并不一定意味着你的身体能全部吸收！

蓝，这类蔬菜含有一种名叫硫代葡萄糖苷的化合物，可以帮助身体排出多余的雌激素和其他使用过的激素。避免摄入过多的酒精、油炸食品和精米白面也有益于肝脏的健康，因为它们会给肝脏带来负担。

减少环境雌激素（激素干扰物）

环境雌激素是一种化学物质，存在于塑料饮料瓶和食物包装袋中，也存在于日常化妆品和清洁产品中，所以应尽量使用天然产品，避免使用塑料包装。使用未经漂白的茶包、卫生纸和卫生棉条。

调整生活方式

从长远来看，即使生活方式的改变微不足道，也会产生极大的影响。掌握一些压力管理技巧，比如冥想、正念和写日志，并试着在一周中安插有规律的、强度适当的锻炼，哪怕只是比平常多走一点，重要的是要行动起来！

炎症是什么

炎症这个词现在有点流行了，但炎症到底是什么？对健康的影响为什么会如此之大？炎症是一种机体产生的免疫反应，可以帮助我们抵抗任何可能造成的伤害，比如受伤、感染、病毒、食物不耐受或压力。理想情况下，免疫过程一旦触发，身体释放出炎症细胞，修复或解决问题，炎症消失，工作完成。这种炎症是一件好事——可以保护健康和疗愈，人类需要它。

然而，炎症反应通常不会消失，依然在悄无声息地发酵着，并在体内以各种方式表现出来。这种低级别的、慢性的、“悄无声息的”炎症可能是由于，即使与我们最近的祖先相比，我们中多数人的生活方式都属于易导致炎症的。即使在过去的100年里，我们的生活方式也发生了巨大变化。

抗炎食物（想想色彩丰富的蔬菜）摄入不足、食品的工业化（高度加工和非有机食品）、土壤退化、药物、污染和现代生活压力的不可承受之重，都可能导致炎症。炎症可以表现在身体的各个方面，使之失衡，并引起激素问题、痤疮、风湿性关节炎、自身免疫性疾病、抑郁和焦虑等。

蛋白质神话及解密

蛋白质这种宏量营养素被认为是无所不能的，因为几乎在所有人体机能中，蛋白质都发挥着至关重要的作用。

蛋白质的多种功能包括对骨骼、血液、皮肤、器官、激素、肌肉等的构建、生长和修复等。

蛋白质是由多种氨基酸组成的。人体内有20余种不同的氨基酸，其中9种为必需氨基酸，必须从食物中获得（人体非常聪明，当需要时可以自己合成非必需氨基酸）。如果某类蛋白质中所含必需氨基酸的种类齐全、数量充足、比例合适，通常被称为“完全蛋白质”。肉、奶制品和鸡蛋中的蛋白质都属于完全蛋白质。

一些植物性食物，如藜麦、大豆、荞麦也含有完全蛋白质。其他植物性食物，如杂豆类、蔬菜和谷物也含有必需氨基酸，但是其中一种或多种氨基酸含量很低或者缺乏，更谈不上合适的比例，属“不完全蛋白质”。

过去人们认为素食者需要在每餐中搭配特定的食物来获取足够的蛋白质，这是一项相当艰巨的任务。这根本不是真的。每天吃各种各样的豆类、谷物和蔬菜，就可获得足够的蛋白质。人的身体会把不同来源的各种氨基酸聚集在一起，并根据需要重新合成所需的蛋白质：要组成蛋白质，只需将氨基酸组装串联起来。

几乎所有的植物性食物或多或少都含有蛋白质，但大豆、坚果和种子是蛋白质的良好来源。富含蛋白质的蔬菜有：菜花、豌豆、菠菜、芦笋、洋蓟、土豆、红薯和抱子甘蓝等。

蛋白质缺乏常见于不发达国家。只吃精制食品和加工食品，或者吃的食物不能满足人体热量需求，才会发生蛋白质缺乏。

太多不见得是好事

蛋白质是最近的一个流行词，尤其是在食品和饮料的市场营销中。许多时尚生活杂志还继续错误地断言，蛋白质棒、奶昔和大量的动物蛋白是健康和六块腹肌所必需的。

事实上，长期过量摄入蛋白质于健康有害。蛋白质摄入过量会产生含氮废物，需要肾脏非常努力地去分解，久而久之就会导致肾结石等肾脏疾病。大量研究还表明，过量摄入蛋白质与癌症、骨质疏松症、肝功能紊乱和冠心病的高发有关。

许多人在过渡到严格素食时，过于依

小贴士

偶尔食用高质量、低加工的蛋白粉是完全没问题的，只是不要完全靠蛋白粉来满足人的蛋白质需求。人体一次只能吸收20～25克蛋白质，所以只需按推荐量食用即可。

赖素肉来补充蛋白质。素肉经过高度加工，盐和精制调味料含量很高。如果试图靠素肉来补充蛋白质，需首先斟酌一下到底想要什么？质感、咸味还是脂肪？可尝试使用纯素食谱来满足需求。例如，可以使用味噌、海带和干蘑，虽然都是植物食材，但可以提供鲜味，一种经常存在于肉类和奶制品中的浓郁美味。

小贴士

红扁豆去壳并磨碎，完全不需要浸泡，即可在20分钟内煮成一顿快手餐，因此可作为厨房的基本食材。

人需要多少蛋白质

可用一个简单的公式来计算每个人对蛋白质的需求。如果是一个成年人，可将体重（千克）乘以0.8，就能得到每天所需的蛋白质数量（克）。例如，一名体重60千克的女性每天需要48克蛋白质（60 × 0.8 = 48）。

蛋白质每日摄入量指南：

婴儿：每千克体重摄入1.5克

1～3岁：每千克体重摄入1.1克

4～13岁：每千克体重摄入0.95克

14～18岁：每千克体重摄入0.85克

19岁及以上：每千克体重摄入0.8克

孕期（孕前体重）女性：每千克体重摄入1.1克

哺乳期女性：每千克体重摄入1.1克

（译者注：中国居民膳食蛋白质参考摄入量为：婴儿9克/天，1岁25克/天，3岁30克/天，6岁35克/天，14岁（男）75克/天，14岁（女）60克/天，18岁（男）65克/天，18岁（女）55克/天，孕妇（中）70克/天，孕妇（晚）85克/天，乳母80克/天。）

计算一下蛋白质需求量很好，但在计算后，请把计算器放下！你不需要每天称体重和计算蛋白质摄入量以确保满足蛋白质需求，而应该关注多种多样的全食物饮食。

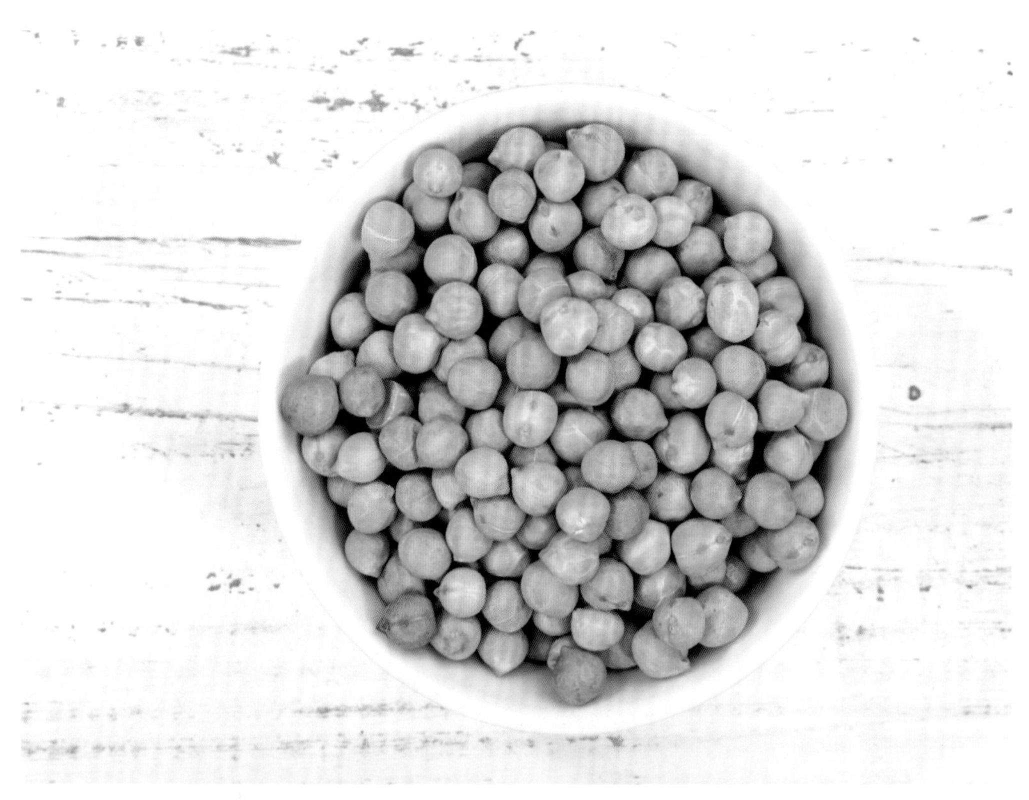

谈谈大豆

大豆（包括黄豆、青豆、黑豆）是否健康，说法算是毁誉参半。即使在大型媒体的出版物中，有关这个小小的豆子是敌是友的争论、异议和混乱仍然存在。有乳腺癌家族史的人，食用大豆安全吗？或者相反，大豆真的降低了人患癌症的风险吗？

真相是：大豆及其制品是严格素食的重要组成部分，因为它们含有所有的9种必需氨基酸，同时还含有B族维生素、膳食纤维、钾和镁等营养成分。大豆还含有异黄酮，一种植物雌激素。异黄酮从分子结构上看与雌激素非常相似，但对机体的作用要弱得多。

高水平的雌激素会增加罹患乳腺癌的风险。然而，大豆食品中所含的植物雌激素水平不足以增加患乳腺癌的风险。事实上，一系列研究表明，全大豆食品，如豆腐、豆浆、味噌，根本不会增加癌症风险，反而可能会降低前列腺癌和乳腺癌的风险。

因此，你可以放心地、适量地享受未加工或轻加工的大豆。适量是指每天1～2份，例如，一份大豆可以是一杯豆浆或大约100克的豆腐。和任何饮食一样，不要过分依赖一种食物来获取大部分的热量。最好是每周吃2～3次大豆食品，并确保在饮食中摄入了各种其他食物。

小贴士

购买有机大豆可以确保你得到的是非转基因大豆。

小贴士

芸豆和黄豆不能生吃，否则会造成腹泻、呕吐。但煮熟后，这些豆类可以为任何菜肴提供丰富的蛋白质。

然而，浓缩型植物雌激素，如大豆或异黄酮补充剂，可能是令人担忧的。所以，有乳腺癌或有乳腺癌家族史的人，应避免这些补充剂。因为这些补充剂是高度浓缩的大豆加工产品，对人体的长期健康影响尚不完全清楚。

普遍的共识是，乳腺癌患者或乳腺癌患者的家人可以安全地食用全大豆食品，如豆腐、豆浆、发酵的大豆食品，如味噌、纳豆，但要适量。

此外，尽量避免大豆蛋白分离产品——一种经过深加工的大豆产品，在许多食品中作为添加成分出现。大豆蛋白分离产品是经过化学工程处理的，这个过程除去了大豆中除蛋白质以外的所有其他营养成分，是一种高度精加工的副产品。如果没有把握，应仔细阅读食品标签，尽可能吃到各类食物，且各种食物要尽可能是全食物形态的，把成分各不相同的豆类或蔬菜所含有的不同的健康成分同时吃掉。因此，应尽量避免深加工的大豆食品、大豆补充剂或大豆添加剂。

怎样让豆类好消化

对于有些人来说，豆类会导致产气过多

和多种其他消化问题，导致不适。这里有一些方法可以从根本上改善消化和增加豆类营养成分的生物利用率。

浸泡：干豆加双倍的水，浸泡一夜或24小时，在此期间可换一次水。然后沥干，冲洗干净，加新的水烹饪。

发芽：可以把豆子用水浸泡几天，直到开始发芽（或者豆子上出现一个小尾巴）。记得在这段时间里经常更换浸泡用水。

长时间慢煮：浸泡后，再慢煮。慢炖锅很适合慢煮。长时间的加热足够让那些难以消化的膳食纤维软化。

逐渐增加：花几周的时间逐渐增加豆子的摄入量。开始时每隔几天一汤匙，之后慢慢增加到每隔几天半杯。

加香料：煮豆子的时候，加入茴香、姜黄、姜、孜然等香料。这些香料可以帮助改善消化，还能给豆子增添多种风味。

冲洗罐装豆子：罐装豆子可能会比自己煮的豆子更易产气，可把豆子放在漏勺上用冷水冲洗1分钟，有助于去除产气及引起其他不适的成分。

服用消化酶补充剂：试着服用含有α-半乳糖苷酶的消化酶补充剂。这种酶有助于将豆类中的碳水化合物分解，使它们更容易消化。

小贴士

泡干豆时，加一条海带，海带中含有的酶可把大豆中含有的、会导致消化问题的物质分解掉。

纯素食物中的蛋白质含量

*注意：这是每100克各种食物中的蛋白质含量，不一定是你平时所用的食物平均分量。例如，一个普通大小的烤土豆重150～200克。

食物	平均蛋白质含量/100克
豆腐丝	57.7克
酵母	47.6克
白蘑	38.7克
小麦胚粉	36.4克
黑豆	36克
黄豆	35克
青豆	34.5克
南瓜子仁	33.2克
榛子（炒）	30.5克
羊肚菌	26.9克
杏仁（炒）	25.7克
蚕豆（去皮）	25.4克
花生仁	24.8克

脂肪

有些脂肪对健康有潜在危害，而有些脂肪是健康必不可少的。脂肪在脂肪酶的作用下分解成甘油和脂肪酸。我们可以从食物中获得4种主要类型的脂肪酸：反式脂肪酸、饱和脂肪酸、单不饱和脂肪酸和多不饱和脂肪酸。

反式脂肪酸

让我们从坏的脂肪酸开始。反式脂肪酸是植物油经过氢化处理后产生的、发生化学改变后的脂肪，可使食物在室温下呈现固态（如人造黄油），延长食品的保质期，提高脂肪的熔点（适用于油炸）。

在肉类和奶制品中也存在少量天然的反式脂肪酸。从健康角度来看，后果是灾难性的，它会显著增加心脏病、脑卒中和2型糖尿病的风险。2013年，美国食品和药物管理局（FDA）宣布，总的来说，不再认为食用反式脂肪酸是安全的。

然而，反式脂肪酸在食物中依然随处可见，如加工食品、油炸食品、饼干、甜甜圈、松饼、派、起酥油和一些人造黄油中。识别方法很简单，如果在食物包装上看到“氢化”或“部分氢化”的字样，就不要用它。

饱和脂肪酸

饱和脂肪酸主要存在于肥肉和乳制品之类的动物性食物（如黄油、猪油和奶酪）中。饱和脂肪酸会提高血液中的胆固醇水平，并与心脏病、脑卒中和某些癌症的增加有关。

一般的医学建议是在饮食中限制饱和脂肪酸。植物性食物中的饱和脂肪酸来源较少，可见于椰子油、棕榈仁油和棕榈油。偶尔用椰子油烹饪也不错，就像做任何事情一样，关键是要适度。

单不饱和脂肪酸

通常认为，单不饱和脂肪酸是好的脂肪酸，对健康十分有益。可靠科学证据表明，它们可以降低血压、促进血液流动。研究还表明，在饮食中用多不饱和脂肪酸、单不饱和脂肪酸取代饱和脂肪酸时，心脏病的风险显著降低。单不饱和脂肪酸来源包括大部分坚果、种子、橄榄和橄榄油、芝麻油（即香油）、花生油、菜籽油和牛油果。

小贴士

不是所有的油都适合加热。冷榨油、初榨油、核桃油和亚麻籽油适合直接淋在刚煮好的蔬菜上，或者用来做沙拉酱。

多不饱和脂肪酸

多不饱和脂肪酸中有两种是必需的脂肪酸：α-亚麻酸和亚油酸（也称为ω-3脂肪酸和ω-6脂肪酸）。人的身体无法合成这些脂肪酸，必须从食物中获取。

ω-3脂肪酸是细胞膜不可分割的一部分，是产生激素及调节血液、心脏和遗传功能的物质基础。从本质上讲，ω-3脂肪酸对身体的作用就像汽油对汽车的作用一样——它使人的身体平稳地运行。

研究表明，ω-3脂肪酸有助于一些疾病的治疗，如风湿性关节炎、溃疡性结肠炎、牛皮癣、狼疮、心血管疾病、偏头痛和激素失衡。ω-3脂肪酸对大脑健康也有重大影响，摄入这种必需脂肪酸可减少焦虑、抑郁和压力，改善情绪、记忆力和注意力。

ω-3脂肪酸有三种不同的形式：来源于多脂鱼的二十碳五烯酸（EPA）、二十二碳六烯酸（DHA）和来源于植物的亚麻酸（ALA）。摄入ALA后，身体会将其转化为EPA和DHA，然后再转化为身体可以利用的消炎化合物。这里存在一个潜在的问题：据估计，只有5%～10%的ALA可转化为EPA，只有2%～5%可转化为DHA。

研究表明，素食者血液中EPA和DHA的含量往往比吃鱼者低。因此，为了保证足够的量，严格的素食主义者必须确保每天都摄入植物性的ω-3脂肪酸。食物来源包括核桃、亚麻籽、奇亚子、海藻、绿叶蔬菜、核桃油和亚麻籽油。纯素食的DHA/EPA补充剂也会有用。

ω-6脂肪酸对人大脑和细胞结构的健康也很重要。尽管ω-3脂肪酸在人体内具有高度的抗炎作用，但是过量的ω-6脂肪酸会导致促炎激素的产生。还要注意，虽然单靠饮食很难获得过多的ω-3脂肪酸，但ω-3补充剂可能会降低血液凝结的能力。所以，如果有任何疑虑，应咨询医生。

人类学和流行病学研究表明，人类进化过程中，饮食中ω-6、ω-3脂肪酸的比例是1：1。而在现代生活中，这一比例估计更接近16：1，这被认为是许多炎症和自身免疫性疾病的诱发因素。ω-6脂肪酸存在于植物油，如葵花子油、大豆油、芝麻油和玉米油中，这些油通常用于制造加工食品。某些坚果、种子、肉类、奶制品和鸡蛋也含有ω-6脂肪酸。这不是说应该停止吃坚果，而是需要确保在饮食中摄入足够的ω-3脂肪酸，同时限制摄入ω-6脂肪酸，它们大多存在于包装食品中。

小贴士

研究表明，经常吃坚果的人往往比不吃坚果的人体重更低。这可能是因为坚果可提供健康的脂肪和蛋白质，让饱腹感的持续时间更长，减少对糖类的渴望。

增加ω-3脂肪酸摄入量的方法

1. 早餐是摄入富ω-3脂肪酸种子的好时间。如在粥、麦片、植物酸奶或奶昔中加入一汤匙磨碎或浸泡过的亚麻籽。
2. 吃坚果！先把核桃仁和山核桃仁在锅里轻轻烤干，让香气散发，口感香脆。然后撒在沙拉上，可以增加口感。
3. 自己制作ω-3混合干果。将核桃仁、山核桃仁、南瓜子仁、扁桃仁和蔓越莓干混合（加入黑巧克力片会更加美味）。
4. 制作美味的抗炎坚果酱。将核桃仁放入高速搅拌机中，加入一点核桃油，再加一点点盐和肉桂粉，搅拌至顺滑。吃面包片或苹果片时抹一点，是理想的零食。
5. 在沙拉酱中加入核桃油或亚麻籽油可以增加抗炎效果。
6. 做奇亚子布丁，当早餐、甜点或甜味零食。做法简单，将奇亚子和燕麦加到植物奶或植物酸奶中搅拌，再放一些新鲜的水果，如苹果泥、浆果或芒果块，然后放在冰箱里冷藏一夜。第二天早上，再加入适量水果、枫糖浆和松脆的种子或扁桃仁。用保鲜盒做奇亚子布丁，更便于携带。
7. 在熟食或冷盘中加入海苔片，或将海苔片而不是盐撒在食物上，以增加ω-3脂肪酸的摄入量。
8. 尝试服用来源于植物的富含EPA/DHA的ω-3脂肪酸补充剂，这是生物利用率最高的形式。

碳水化合物

碳水化合物健康吗？吃碳水化合物会让人发胖吗？说到碳水化合物这种宏量营养素，人们存在很多困惑和恐惧。事实上，并不是所有碳水化合物的作用都一样。重要的是如何安排饮食中碳水化合物的种类、质量和数量。

甜甜圈、蛋糕、饼干等加工和精制食物，与全谷物、富含淀粉的食物（如糙米、豆子、土豆和其他根茎类蔬菜）等未加工食物，都归属一类，即碳水化合物类食物。

详细一点讲，食物中主要有两种碳水化合物：精制的和复杂的。

小贴士

是时候放弃糖了。无论对身体还是情绪，糖都很容易上瘾。研究表明，糖可能像可卡因一样容易上瘾。糖会导致体重增加（不幸的是，许多低脂食品都含有糖），可能会增加过早衰老和罹患心脏病、癌症、糖尿病、阿尔茨海默病的风险。

精制碳水化合物

这类碳水化合物经过精制，去除了许多营养成分，如膳食纤维、B族维生素和矿物质。白米、白面包、白意大利面以及用精制面粉制成的食品（如烘焙食品）等，都算精制碳水化合物。

白糖是一种简单碳水化合物，常被添加到碳酸饮料、酸奶、蛋糕、饼干和早餐麦片等各式各样的产品中。枫糖浆、龙舌兰糖浆和椰子花蜜中的糖也是简单碳水化合物。想要更健康，在饮食中则应减少此类食物。

水果和蔬菜中的天然单糖不算在内，因为蔬果中还含有膳食纤维、维生素和矿物质，是饮食的重要组成部分。应尽量从这些食物中获取单糖。

记住：加工食品和方便食品已不再是原态食物，健康营养成分不够均衡全面，所以不应该出现在购物清单上！

复杂碳水化合物

全谷物麦片、全麦面包、糙米和全麦意大利面这些是全谷物食品（相对于白色精制的精米白面），被认为是复杂碳水化合物，可在一整天中缓慢而稳定地释放热量。复杂碳水化合物是优质的热量来源，还可提供膳食纤维、钙、铁和B族维生素，是均衡饮食所必需的。它们往往富含膳食纤维，饱腹感强且持续时间长，所以不容易吃过量。总体来说，当今大多数人摄入膳食纤维的量不足，所以增加这些食物的摄入量是非常有益的。

平衡血糖水平

从本质上讲，精制碳水化合物和复杂碳水化合物的区别在于它们被消化和吸收的速度。精制碳水化合物吸收得更快，释放糖分进入血液的速度相对较快，这会让人的热量和食欲一整天都像过山车一样波动，导致所谓的血糖不平衡，进而影响到情绪、体重、睡眠、能量水平和注意力等。

我们都经历过低血糖——那种熟悉的下午三点左右萎靡不振的感觉，热量和专注力急剧下降，开始渴望进食。如果你对此情此景似曾相识，那么扔掉含糖麦片、白面包、白意大利面和加糖的茶水，去选择复杂碳水化合物食物吧，它们吸收得更慢。

帮助平衡血糖水平的优质零食有：坚果、种子；低糖水果，如苹果、梨、浆果；把坚果酱涂在全麦饼干或水果片上；黑麦面包或生蔬菜棒配鹰嘴豆泥；烤鹰嘴豆或毛豆。

小贴士

三餐和零食中都要含有丰富的蛋白质。蛋白质有助于让碳水化合物更缓慢地释放到血液中，让人有更长时间的饱腹感和满足感。

血糖平衡

血糖升升降降时，体内究竟发生了什么？

碳水化合物在人体内被分解成葡萄糖这种单糖，通过血液，被携带并运输到细胞中，转化成能量或储存为脂肪。人的血液在任何时候都只需要一定量的葡萄糖——1～2茶匙那么多。如果人摄入的碳水化合物超过这个量，胰腺就会生产胰岛素，把碳水化合物从血液中清除出去。

当一个人吃了大量精制碳水化合物，血糖水平上升过快时，常发生这种情况，机体最终会释放大量的胰岛素，试图让血糖水平再次回落到“正常”水平。这会导致人的血糖陡然下降，引起低血糖。如果你经常摄入大量精制碳水化合物，你的细胞会变得有点懒惰，不再对胰岛素做出反应，进而会导致2型糖尿病等疾病。

小贴士

压力引起的激素释放也会导致血糖水平的飙升和下降。机体会把多余的碳水化合物以糖原的形式储存在肝脏和肌肉中，当感受到压力时，糖原会释放到血液中。你可以感谢进化——我们的祖先需要额外的血糖以逃离危险。在繁忙的现代生活中，应激反应会在一天中频繁触发（可能是由于交通堵塞或者工作中的问题），这会让人的血糖水平随时波动。最好的应对办法就是学习如何管理压力，例如进行深呼吸或冥想。

矿物质

矿物质属于无机物，人体需要矿物质来行使各种功能以维持生命。

人体需要量相对较多的矿物质（如钙、镁、磷）称为常量元素；而需要量相对较少的矿物质（如铁、锌、硒）被称为微量元素，它们均是健康必不可少的。

让我们聚焦于素食者需要特别关注的4种矿物质：铁、锌、钙和碘。

铁

人们普遍认为素食者比肉食者更容易缺铁，然而有研究明确表明，饮食多样、营养均衡的素食者和严格素食者缺铁的风险并不大。铁缺乏是世界上排名第一的营养缺乏性疾病，人人都可能缺铁，无论素食者还是肉食者。

人可以从食物中获得两种类型的铁——肉类来源的血红素铁和植物来源的非血红素铁。那么，为什么植物来源的铁被认为不好呢？严格素食者食物中含有大量的非血红素铁，然而与血红素铁相比，人的身体在吸收非血红素铁时可能有点困难。非血红素铁的来源包括绿叶蔬菜、豆子、豆腐和种子类食物，如奇亚子、亚麻籽和南瓜子。

如何提高对非血红素铁的吸收

- 餐后一小时内避免喝咖啡和茶（包括红茶和绿茶）。咖啡和茶中含有单宁酸，可以抑制铁的吸收。
- 在一餐中同时摄入富含维生素C以及富含铁的食物。维生素C可以使铁的吸收率增加4倍。维生素C的食物来源包括甜椒、柑橘类水果、番茄、土豆和绿叶蔬菜。

锌

一些研究表明，严格素食者的锌摄入量可能有点偏低，但这主要发生在那些每日热量需求得不到满足的严格素食者身上。因此，每天摄入足够的高营养密度食物，在满足热量的同时也满足矿物质的需求是至关重要的。

人对热量的需求取决于人的年龄和体力活动水平，建议成年男性每天平均需要2500千卡，而女性每天平均需要2000千卡（译者注：《中国居民膳食指南》建议为成年男性2250千卡/天、成年女性1800千卡/天）。然而，除非觉得自己摄入的热量过少或过多，否则没有必要每天计算自己摄入了多少热量。

植物性食物的确含有大量的锌，但它们也含有一种叫作植酸的抗营养因子，可能会抑制身体有效吸收锌、铁等矿物质的能力。

钙

钙在人体内的状态比实际摄入多少钙更重要。它关系到吸收了多少钙、流失了多少钙以及影响到骨密度等3个因素。例如，高蛋白饮食特别是高含硫氨基酸饮食会增加骨骼中的钙流失，从而对钙平衡产生负面影响。

因为肉类浓缩了大量蛋白质，而且含有极高的含硫氨基酸，所以肉类被认为对钙平衡有明显的负面影响。严格素食者摄入过多的蛋白粉，特别是大豆蛋白，也会导致钙流失。当然，蛋白质是一种必需的营养物质，但是摄入过多的话会对骨骼健康产生不利影响（蛋白质摄入量参见第17～18页）。

碘

碘缺乏症是一个全球性的公共卫生问题，全世界每3人中就有1人面临着碘缺乏。研究表明，以植物饮食为主的人，特别是那些坚持生食饮食的人，碘缺乏的风险可能会增加。在严格素食者的食物中很难找到碘，因为植物的含碘量依赖于植物生长的土壤，所以差异很大。只有几种食物的碘含量较高较稳定，如乳制品（碘溶液会用于清洁奶牛的奶头和乳制品设备，因此最终会出现在牛奶中）和海产品（包括海藻）。

如何减少食物中的植酸

- 将豆类、谷物和种子浸泡几小时后再烹饪。浸泡还能让它们更容易消化，减少胀气和腹胀的概率。
- 将豆类、谷物和发芽种子（参见第95页“豆芽”），添加到沙拉或小吃中。发芽能显著增加食物中营养成分的含量。例如，发芽小扁豆中维生素C的含量增加了17.5倍，绿豆芽中增加了8.5倍。发芽也是增加铁和锌吸收率的好方法。
- 可以在饮食中加入味噌和豆豉等发酵食品，发酵可以显著减少大豆中的植酸盐。发酵食品还富含酶和益生菌，可帮助分解和消化同一餐中吃的其他食物。
- 因为谷物发酵有助于分解这些食物中的植酸，所以应选择经过发酵的谷物食品（如面包），而不是没经过发酵的谷物食品（如饼干）。

小贴士

尽量少吃咸味食物，用香草、香料或海苔片来提味。高钠会增加钙的流失：肾脏每排泄1克钠，就会损失23～26克钙。

必需矿物质及其食物来源

矿物质	主要功能
钙	对骨骼和牙齿健康至关重要；帮助将信息从大脑传输到神经系统
磷	和钙一样，对骨骼健康和牙齿结构是必不可少的
镁	是人体各种组织中都含有的必需矿物质；是激活多种酶的必需成分；是维持神经和肌肉功能的必需成分
钠	负责调节机体的含水量和电解质平衡
钾	对调节机体的含水量和电解质平衡、维持细胞（包括神经细胞）正常功能至关重要
铁	是形成红细胞中血红蛋白的必要物质；在多种酶反应中具有重要作用；在免疫系统中具有重要作用
锌	是多种酶反应的辅助因子，直接或间接参与支持主要代谢途径；对生长、修复、生殖和免疫健康至关重要
碘	是甲状腺素的一种重要成分。甲状腺素具有调节新陈代谢率和身心发育的作用
铜	是生成红细胞和白细胞的必需成分；对免疫系统支持、骨骼健康和大脑发育非常重要
硒	是抗氧化酶的成分之一，有助于保护身体免受氧化损伤；对生殖功能、免疫健康和甲状腺素的产生至关重要
锰	是形成骨骼和能量代谢的必需矿物质

其他矿物质包括钼、氟、硼、铬、钴、硫、氯、硅和钒。这些都属于微量营养素，需求微量，在平衡的素食饮食中数量是充足的。

食物来源
豆类、芝麻、芝麻酱、蔬菜（如菜花、卷心菜、秋葵等）、钙强化牛奶、卤水豆腐（在原料中可以找到硫酸钙）、干果（如西梅干、葡萄干、无花果干、杏干等）
豆类、坚果、葵花子和谷物（尤其是燕麦）
深绿色叶菜、牛油果、腰果、扁桃仁、巴西坚果、豆子、全谷物和黑巧克力（可可）
食盐、咸味坚果、味噌、酱油（加工过的食品通常也含有大量的钠）
白芸豆、土豆、红薯、甜菜根、欧防风、菠菜和香蕉
绿叶蔬菜、豆子、豆腐、奇亚子、亚麻籽、南瓜子、干果、腰果、藜麦和黑糖蜜
豆子、豆腐、核桃、腰果、奇亚子、亚麻籽、南瓜子、全麦面包、藜麦和全谷物
海藻、碘盐和土豆
种子、坚果、全谷物、干豆类和蘑菇
巴西坚果、芸豆、酵母和全谷物。一天一个巴西坚果就可以满足人对硒的需要
谷物、羽衣甘蓝、菠菜、燕麦片、坚果、种子和菠萝

维生素

维生素是人体必需的有机化合物，需要量很小。在严格素食中，大多数维生素可做到数量充足，但是必须特别关注两种维生素：维生素B_{12}和维生素D。

维生素B_{12}

植物或动物都无法合成维生素B_{12}，只有细菌可以。没有任何一种植物食物含有数量充足的维生素B_{12}，因此素食者关注其食物来源并摄入这种重要营养成分，显得尤为重要。以往人类能从某些食物中获得维生素B_{12}，因为这些食物被可合成维生素B_{12}的细菌污染，例如蔬菜上沾到了微量的土壤而含有维生素B_{12}。然而，如今的食物都经过清洗和消毒，所以很难找到维生素B_{12}的素食来源。

人只需要一点点B_{12}，而且许多食物都强化了B_{12}，但素食者如果不刻意摄入，仍然可能缺乏，出现营养缺乏症状，如皮肤惨白、肌肉无力和手指麻木或刺痛——有的发展缓慢、随时间推移而加重。维生素B_{12}缺乏症并不常见，但一旦缺乏，后果很严重，可导致贫血和不可逆的神经损伤。使用膳食补充剂是关键。

维生素D

无论严格素食者还是非严格素食者，维生素D缺乏都相对常见。事实上，令人惊讶的是，据估计全世界有10亿人存在维生素D缺乏或不足。维生素D是由紫外线照射（如灿烂的阳光）后产生的，然而现代生活方式导致我们暴露在阳光下的时间减少了，且当太阳出来时，很多人（毋庸置疑地）抹上了厚厚的防晒霜，进一步阻碍了维生素D的生成。

所有这些都意味着不少人需要从饮食中获取维生素D，但维生素D主要来自动物性食物，如鱼类和鸡蛋，严格素食者很难从食物中得到满足。在高纬度地区，建议所有人，无论是否素食，都要在深秋和冬季服用维生素D补充剂，以避免维生素D缺乏。若想检测一下自己的维生素D水平，可到医院测试一下25-羟维生素D，这将有助于确定正确的补充剂量。选择维生素D补充剂时宜选择维生素D_3补充剂，而不是D_2，因为维生素D_3更容易吸收。要注意，维生素D_3通常不是纯素食的，所以严格素食者应确定找到的维生素D补充剂是地衣维生素D_3。

小贴士

为了促进维生素D的吸收，补充维生素D强化食品和补充剂时，宜与含有少量健康脂肪的食物同时食用（维生素D是一种脂溶性维生素）。

必需维生素及其食物来源

维生素	主要功能	食物来源
维生素A	对维持眼睛、肺和消化系统的表皮、黏膜的正常功能至关重要	深绿色叶菜、橙黄色的水果和蔬菜（如胡萝卜、芒果、杏和红薯等）
维生素C	对所有机体组织的生长、发育和修复都是必需的。在免疫系统、伤口愈合、软骨、骨骼、牙齿和皮肤的维护等方面起到辅助作用	橘子、猕猴桃、柠檬、番石榴、葡萄柚和草莓等水果，西蓝花、菜花、抱子甘蓝和甜椒等蔬菜
维生素D	对骨骼健康至关重要，并在肌肉功能和免疫健康中发挥辅助作用	最好的来源是阳光。每天只需让脸和手臂晒到15～20分钟就足够了（确保是安全的阳光照射）。有些蘑菇可能含有少量维生素D（参见第62页）
维生素E	一种抗氧化剂，保护细胞免受自由基的氧化损伤	牛油果、坚果（如扁桃仁、巴西坚果、榛子、松子、花生）、种子、瑞士甜菜、菠菜和芒果等
维生素K	在凝血、骨代谢和调节血钙水平中起着重要作用	所有的绿色蔬菜、李子和猕猴桃
B族维生素（维生素B_1、维生素B_2、烟酸、泛酸、生物素、维生素B_6、维生素B_{12}和叶酸）	它们在人体内经常协同作用，因此被统称为“B族维生素”。它们在能量代谢、把食物转化为能量方面发挥着重要作用，因此又被称为“能量维生素”。它们还参与多种机体功能，如细胞、皮肤、骨骼、肌肉和神经系统的健康	蘑菇、全谷物、小麦胚芽、豆类、核桃仁、绿叶蔬菜、水生植物、牛油果、海带和西蓝花

我需要服用补充剂吗

说到保持健康，均衡的饮食是关键。然而，有时单靠食物不能提供人们所需的所有营养。这可能归结于食物的生产方式，例如高度集约化农业技术的使用，可能耗尽土壤中重要养分，导致食物中的营养成分含量降低。一些研究表明，与我们曾祖父母时代的水果和蔬菜相比，今天的农作物含有的镁、锌、胡萝卜素、维生素C、维生素E、钙、铁和钾都有所减少，而且其他营养物质如维生素B_2和蛋白质的含量也降低了很多。

与此同时，现代生活中的另一个现象是杀虫剂、压力、环境污染、深加工食品和药物的日益增加。

人们从食物中摄取的营养素可能减少（因此可能营养缺乏），可能已经吃掉了足够让身体“运转”起来的食物，但这和感觉良好有着千差万别！因此，即使你的饮食相当健康，在日常饮食中加入多种维生素和矿物质补充剂，对弥补这一差距可能依然是有益的。

素食专用补充剂

作为严格素食者，每天补充维生素B_{12}是没有商量余地的：你基本上无法从食物中获得足够的B_{12}来满足需求。在阴暗的冬季，也强烈建议补充维生素D（参见第36页）。如果你的饮食中没有包含大量的食物来源的ω-3脂肪酸，那么海藻补充剂（以EPA/DHA的形式）也可能是一个很好的补充（参见第27页）。

素食者饮食中的碘含量会明显较低，因此补充碘也不失为一个好主意。优质的复合维生素和矿物质补充剂可能含有足够的B_{12}、维生素D和碘，剂量合理，符合需求。然而，在单独补充碘（即不在复合维生素和矿物质中）之前，一定要咨询医生或营养师，因为过量的碘会对人体健康造成不利影响。

小贴士

营养素的作用不容小觑。在开始服用任何补充剂之前，一定要咨询医生，特别是正在服用任何药物、有疾病隐患或正在怀孕、哺乳的人。如果觉察到任何不良反应，应立即停止服用。每6个月复查一下营养补充剂方案。

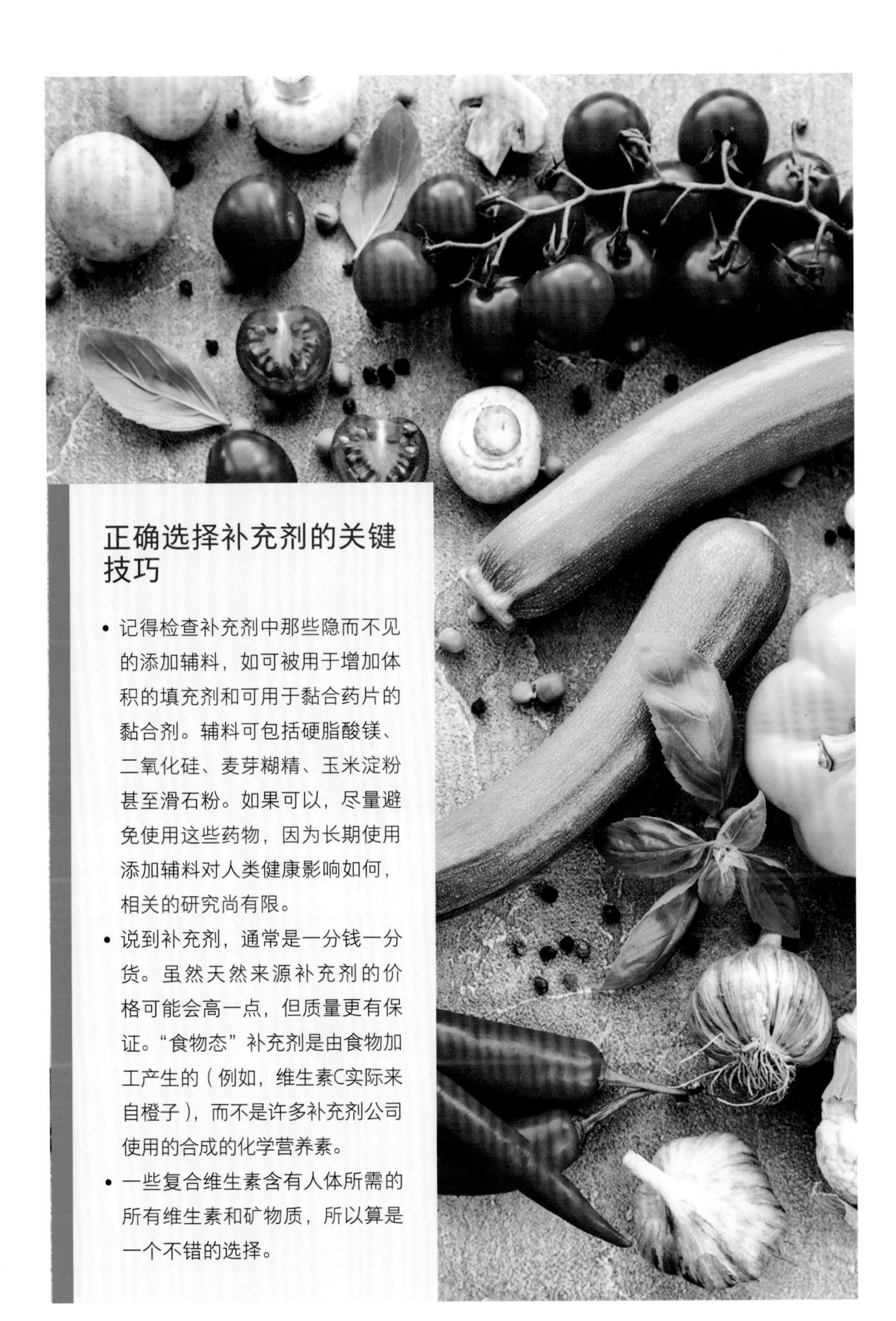

正确选择补充剂的关键技巧

- 记得检查补充剂中那些隐而不见的添加辅料，如可被用于增加体积的填充剂和可用于黏合药片的黏合剂。辅料可包括硬脂酸镁、二氧化硅、麦芽糊精、玉米淀粉甚至滑石粉。如果可以，尽量避免使用这些药物，因为长期使用添加辅料对人类健康影响如何，相关的研究尚有限。
- 说到补充剂，通常是一分钱一分货。虽然天然来源补充剂的价格可能会高一点，但质量更有保证。“食物态”补充剂是由食物加工产生的（例如，维生素C实际来自橙子），而不是许多补充剂公司使用的合成的化学营养素。
- 一些复合维生素含有人体所需的所有维生素和矿物质，所以算是一个不错的选择。

如何让膳食平衡

多数时候，素食者晚上会吃一大盘面或者用深加工食品来代替肉类，这很易陷入不平衡膳食的误区。

从膳食中剔除肉类、奶制品和鸡蛋时，重要的是要考虑如何健康地去替代它们。不少人发现，改吃素食后，实际吃到的饮食更加多样，厨房也变得非常有创意，所以，让那些创意果汁流动起来吧！

也就是说，不需要花数小时来烹饪复杂的食物，关键是选用新鲜、完整的食材制作简单而优质的饮食。当然，也可以吃蛋糕，但不能天天吃。

小贴士

我们都知道应该吃绿色食物，但是蓝色、黄色、橙色和红色的食物也应该吃吗？植物不仅含有大量的维生素、矿物质和膳食纤维，还含有那些赋予其颜色的植物功能成分。

色彩如此神奇，因为每一种颜色都代表一组有不同疗愈作用的化学物质，被称为植物化学物。在水果、蔬菜、豆类、香料和草药等植物性食物中已发现25000种植物化学物。这些植物化学物具有抗炎和预防慢性病的能力。

小贴士

每天多喝水，保持水分充足。

建议在非三餐时间饮水，因为吃饭时喝太多水会稀释消化酶，对消化有负面影响。吃饭时可以小口地摄入一些水分。

脂肪是益友

给一日三餐加入健康的脂肪，如在蔬菜上淋一些特级初榨橄榄油，或是在水果上撒点坚果种子，有助于让身体吸收某些抗氧化物质和植物化学物。脂肪还有利于吸收脂溶性维生素A、维生素D、维生素E和维生素K。

理想比例

食物种类
蔬菜和水果
淀粉类食物
蛋白质
坚果等种子
富钙食物
烹调油和抹酱

食物分量	食物来源
建议每天都要吃到“彩虹”蔬果：由2份水果和至少3份蔬菜组成，每份约80克。把蔬菜作为一餐的主要部分，数量应占到盘子的一半。每天至少吃1份绿叶蔬菜	1份80克的蔬菜约是两朵西蓝花或3汤匙煮熟的蔬菜，如胡萝卜、豌豆或甜玉米。1份80克的水果可以是1厚片西瓜、1个苹果或橘子或2个小李子。30克水果干为1份。土豆不算在这一类，因为它应属于淀粉类食物部分
每餐包括1份淀粉类食物。1份的量相当于1个握紧的拳头大小（大约3汤匙），并且应该不超过盘子的四分之一	糙米、全麦意大利面、土豆、红薯、燕麦、全麦面包、藜麦和原味麦片。尽量选择全谷物而不是精制谷物。也可以把发芽谷物囊括进来
建议每顿饭都要吃1份蛋白质食物。1份的量应大致与1个掌心的大小相当，或者占盘子里食物的四分之一	豆类及各种豆制品。例如，豆子汉堡、印度炖豆、豆类沙拉、烤鹰嘴豆、炒豆腐、天贝，或牛奶和酸奶的大豆替代品
将五指并拢，每天抓1小把。可作为零食或三餐的一部分	建议吃富含ω-3脂肪酸的坚果种子，如亚麻籽、火麻仁、奇亚子、核桃或1汤匙核桃油。其他坚果种子也很重要，如巴西坚果、腰果、扁桃仁
确保每天摄入足量的富钙食物	叶菜、芝麻酱、强化植物奶或酸奶、无花果干、扁桃仁。100克的卤水豆腐大约可提供每日建议摄入钙量的一半。400毫升的强化植物奶大约可以提供每日建议摄入钙量的三分之二
每餐食用1汤匙	植物抹酱（务必选择标签上注明“非氢化”的产品以避免反式脂肪）、菜籽油、橄榄油或其他烹调油

素食食材

根茎类蔬菜

长期以来，人们都把富含膳食纤维的根茎类蔬菜当作冬季甚至全年的主要食物。它们形式多样、色彩缤纷、营养丰富，从冬天直到春天都是最佳食用期。越小的根茎往往越嫩，有些既可以生吃也可以熟吃。

它们从地里钻出来的时间越长，维生素含量就越低，应趁它们还新鲜结实的时候吃。如果可能的话，不要削皮，而是擦洗，因为大部分风味都在表皮下（除了萝卜和根芹）。

土豆

土豆为植物块茎，原产于南美洲，16世纪时由西班牙探险家带到欧洲，如今在世界各地广泛种植，并成为主要食粮（品种超过200种）。

土豆与番茄、胡椒、颠茄一样，属于茄科植物，富含复杂碳水化合物、膳食纤维、蛋白质和矿物质。

土豆主要分为三大类：通用型（多用型）、蜡型和粉型。小的早熟品种，如香甜、黄油口感的泽西皇家土豆，被称为新型土豆，与粉型土豆相比，在烹饪时更不容易散架。粉型土豆质地松软，适合油炸、烤和烘焙。

土豆味道较淡，约含80%的水分，这使其成为一种多用途食材。土豆适合储藏在阴暗、凉爽的地方，但不宜放在冰箱里。发芽变绿的土豆不宜食用。

营养价值

土豆富含维生素C和钾，是叶酸、膳食纤维（带皮烹饪时）和铁的良好来源，还含有维生素B_1。

食用建议

蜡型土豆适合蒸、煮或带皮烤，配上调味番茄酱食用；将烤熟的粉型土豆与面粉团在一起做成酿奇（译者注：一种意大利美食，用面粉和土豆做成的团子），然后煮熟；将粉型土豆切成块或条，煮至半熟，淋点油然后烤熟；将泽西皇家土豆蒸熟或煮熟，配芦笋食用；嫩土豆（译者注：指较嫩的未成熟的土豆）搭配大蒜、油和新鲜香草放在烤纸上烤熟；土豆搭配柠檬和牛至烤熟；用咖喱叶、椰浆、番茄和温性香料做成南印度风格的土豆咖喱；在面饼或比萨上放些切成薄片的嫩土豆，然后烤熟；加洋葱、胡萝卜、芹菜、小粒意大利面，做成土豆浓汤。

欧防风

欧防风起源于中欧和南欧，根茎可以食用，自古以来就得到种植。在土豆传入欧洲之前，欧防风是一种重要的食物，也是冬季主要的淀粉来源。在中世纪，欧防风也被用作糖的替代品，将根茎压榨出汁液再熬煮成糖浆。蔗糖出现后，其受欢迎程度大大削弱。在欧洲南部的大部分地区，欧防风只得降格，主要当作牲畜饲料。欧防风带有甜味、坚果味，据说冬大收获的欧防风最甜，那是因为严寒与霜冻让植物将淀粉转化为糖的能力增强。香料与欧防风的甜味和泥土味相得益彰。如果欧防风存放太久，芯部可能会很硬、木质化，烹饪前应把芯部去掉。

营养价值

欧防风的维生素和矿物质含量比胡萝卜更丰富，是钾、磷、叶酸、钙和镁的良好来源。

食用建议

将欧防风煮至断生或半熟，淋一些枫糖浆和油（如果喜欢，还可以撒上一点中式五香粉或烟熏辣椒粉），然后再烤；用削皮器削成长条，用葵花子油炸熟；先把欧防风烤一下，然后加孜然、香菜、洋葱和蔬菜高汤做成风味欧防风菜汤；将欧防风捣碎，加入少许肉豆蔻碎即可食用。

胡萝卜

我们现在见到的胡萝卜大多体型较大，它是由一种小的、野生的、苦味的、果肉呈浅白色或淡紫色的胡萝卜演变而来的。大约在公元16世纪，荷兰培育出一种杂交品种，胡萝卜才染上橙色。

胡萝卜形状各异，有长条形、锥形、圆形或手指形；颜色多样，有紫色、黄色、橙色、白色和深红色等。

春季的胡萝卜最嫩、最甜，传统品种味道复杂，现在的主流橙色胡萝卜几乎没有继承这种味道。胡萝卜可生吃也可熟吃，在亚洲某些地方，人们常用糖浆或果酱来腌制保存。

营养价值

胡萝卜富含类胡萝卜素、维生素C和维生素E。生吃胡萝卜可以摄入钾、钙、铁和锌，这些营养成分在加热过程中会有所损失。

食用建议

加入姜、橙汁，榨成胡萝卜汁；把胡萝卜及小胡瓜磨碎，加入一些混合香料，做成胡萝卜蛋糕；烤着吃，配上新鲜香草和榛子香蒜酱或格雷莫拉塔酱（译者注：一种意式酱料）；用烤胡萝卜和芝麻酱制作酱料；把胡萝卜洗净、磨碎后加甜菜根碎、柠檬皮、香菜和橄榄油混合搅拌，做成色彩亮丽的七彩沙拉；煮至半熟，然后加入植物黄油、葛缕子或龙蒿，放入橙汁糖浆中煮熟；切片后，加入莳萝子、茴香子或月桂进行腌制；将胡萝卜碎和毛豆拌入亚洲凉面沙拉中；用姜黄和咖喱叶做胡萝卜印度炖豆（译者注：一种印度风格的以扁豆为主要食材的菜肴）。

小贴士

在储藏之前，应把叶子去掉并丢弃，因为叶子会从胡萝卜中吸收水分。

红薯

红薯这种块根与牵牛花同属旋花科，原产于美洲热带地区，在300多年前被引入欧洲。白心和黄心的品种在热带地区特别受欢迎（在当地是一种主要农作物），而橙心的品种在美国最为常见。

当然，无论什么形状和颜色，红薯都很有营养。与白心红薯相比，黄心或橙心红薯的胡萝卜素（维生素A的一种来源）含量更为丰富。红薯与土豆无关。

红薯富含淀粉，口感润泽、有奶油感并且营养密集，不过蛋白质含量低于土豆。红薯甜若蜂蜜，枫树糖浆或红糖会让它们更加香甜。在亚洲，街头小贩会出售烤红薯。红薯需在室温下保存，不宜放在冰箱里。

营养价值

红薯富含钙、镁、钾、叶酸、维生素C、维生素E、磷和β-胡萝卜素。

食用建议

切成条，做成炸薯条；做杰克薯仔（译者注：一种带皮的烤红薯，可夹馅）；用素食贝夏梅尔调味酱（译者注：俗称白酱，是法式基础酱料之一）做一个奶酪焗红薯；红薯整个烤熟，去皮捣碎，然后加面粉和肉桂粉混合，做成酿奇；把烤熟的红薯块与温性香料或菠菜混合后包进馅饼皮做成点心，或用油酥面片做成萨莫萨三角炸饺（译者注：一种南亚风味的三角形炸饺）；与红扁豆混合，做一餐暖暖的印度炖豆；切成片，作为素食烤宽面条中的一层。

萝卜

萝卜是十字花科中被低估的一员，通常被误认为是个头儿较大的芜菁。它已经被广泛种植了4000多年，是最古老的作物之一。从科学角度讲，它是萝卜属植物膨大的块茎下端和主根上端，常作为根茎类蔬菜出售。

萝卜大小不一、颜色多样，有紫色、白色、黄色等，大多数萝卜肉是白色的（通常有一个猩红或略带紫色的肩部）。萝卜越小（越嫩）越甜。

萝卜顶部的缨子味道刺鼻，营养非常丰富，富含叶酸和钙。如果能买到带缨子的萝卜，就尽快吃掉缨子。在意大利有不少种类的萝卜，其中一种，人们只吃带苦味的绿缨子。

将萝卜去皮煮软后食用，苦味会变淡。最嫩的萝卜可以生吃，口感松脆，有辛辣味和坚果味。

营养价值

萝卜富含维生素C、钙、镁、磷、钾和叶酸。

食用建议

整个嫩萝卜搭配苹果和洋葱一起烤着吃；和胡萝卜一起炖煮或捣碎；切成大块，用白葡萄酒或苹果醋、盐和大蒜腌制，如果想让腌菜变成粉红色，可以加入甜菜根；用油焖辣椒萝卜缨；用辣椒、大蒜和姜做一个萝卜泡菜；去皮，焯水去除苦味，然后整个烤；切方块，烤熟后拌入意大利烩饭中。

根芹

根芹也被称为根洋芹，源自于欧洲和中东的野生芹菜，味道类似欧芹和芹菜。在粗糙、不讨喜的外表下，有着甜白的肉质。生的根芹散发着淡淡的坚果味，烹调后变得更

为香甜。因为根芹的皮就像树皮，去皮很费力，所以需要用一把锋利的刀而不是蔬菜刨皮刀来去皮。在根芹中加入优质脂肪有助于促进根芹中维生素的吸收。

营养价值

根芹富含钙、镁、钾、维生素K、维生素C和B族维生素。

食用建议

切成火柴棍大小的细条，拌上含较多芥末的酱料，加入生苹果还会添加一丝可口的酸味；切成方块后煮软，沥干水分，用力压成泥；把根芹泥和土豆泥或煮熟的苹果拌在一起；搭配小洋葱和韭葱，做成根芹汤；切成条状，焯水后拌入酱料，用来代替意大利面；整个烤熟，淋上橄榄油，也可盐烤。

小贴士

根芹的肉质会很快变色，所以，如果不马上吃的话，可以泡在加了柠檬汁的水里。

甜菜根

甜菜根起源于野生海甜菜根，古罗马时代就开始被种植和食用，不过，我们现在熟悉的球形甜菜根直到16世纪才被开发出来。

甜菜广泛生长在世界各地的温带地区，尤其是欧洲和美洲。甜菜一般是红色的，但人们也会种植其他颜色的甜菜，如螺纹甜菜头和金色甜菜根，用来食用。

甜菜根坚硬多汁，带有一种浓郁的泥土味，烹调后（尤其是烤后）会更甜。甜菜叶富含铁质，可食用，味道和菠菜相似。叶子和茎需分开加热，因为茎需要煮更久。

营养价值

甜菜根富含钙、镁、铁、磷、钾、锰、叶酸和维生素C。

食用建议

用姜、橙子、洋葱和甜菜根做汤；甜菜根切块，加点油，搭配葛缕子烤；在甜菜根汁中加入辛辣的芥末酱料；油炸甜菜根细条；用植物酸奶代替纯酸奶，做成伊朗甜菜根酸奶沙拉（译者注：一种用蔬菜、酸奶或奶酪等制作的伊朗美食）；炒软后切片，加上千层饼皮和百里香做成可口的水果馅饼；磨碎后做成沙拉，并加入椰子酸奶酱；将甜菜根碎、苹果碎和豆瓣菜拌匀，用柠檬汁做调料；把生甜菜根磨碎，放入面糊中，做成黑巧克力蛋糕或布朗尼蛋糕。

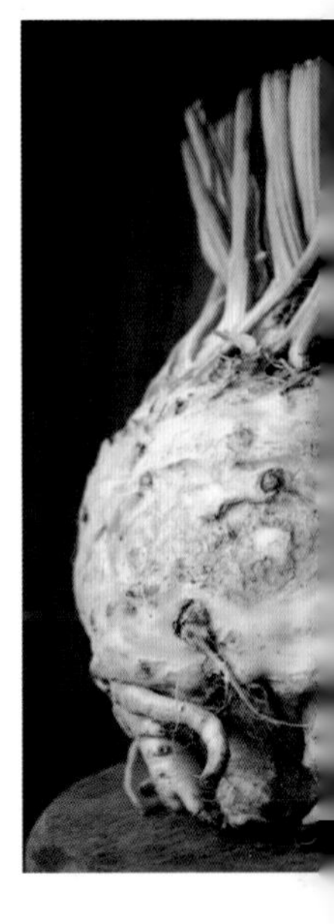

黄瓜、南瓜和葫芦

黄瓜、南瓜和葫芦属于瓜类植物，为蔓生果实。小胡瓜和硬皮胡瓜主要原产于美洲，生长在温暖的温带。黄瓜、南瓜、葫芦含有大量的水分（大约90%或更高），其关键营养成分为来自深黄色和橘黄色瓜肉中的胡萝卜素。

可供食用的南瓜属瓜的颜色、形状和大小各异，通常可分为两大类：夏季型和冬季型。

夏季型，如小胡瓜，是未成熟的果实，外皮薄、可食用，果肉柔软、味道寡淡；冬季型，如南瓜和橡子南瓜，是个头儿较大的成熟果实，外皮更硬，瓜体坚实，瓜肉粉沙，味道更浓郁、更甜。

大多数冬季型南瓜属的瓜富含淀粉，同时还富含β-胡萝卜素和其他类胡萝卜素。大多数南瓜属的瓜都味道温和，无论是做甜点还是菜肴，都非常适宜。

小胡瓜、南瓜、硬皮胡瓜等的娇嫩花朵都可以压碎后油炸。

黄瓜

据说，黄瓜原产于喜马拉雅山脉地区，已有3000年的栽培历史，深受古人的喜爱。大约在16世纪末被引入英国，经过几个世纪的培育，去除了黄瓜祖先的天然苦味。

黄瓜与有亲缘关系的西瓜一样，果肉爽脆多汁，现代品种黄瓜的含水量约为96%。黄瓜最常见的品种是长黄瓜，有着光滑的深绿色表皮，但也有粗大、凹凸不平的黄瓜（食用前必须去皮）以及短粗的用于腌制的黄瓜。

按压黄瓜蒂的顶部可检查其是否新鲜——坚实的最好。黄瓜的表皮含有大部分的营养成分，普通的、表皮光滑的黄瓜不需要削皮。

黄瓜可以生吃、腌着吃或熟吃。将黄瓜对半切开，有的品种需要去掉黄瓜芯，然后将瓜肉切片或磨碎，放入碗中，加入少许盐，搅拌后倒入筛子中将水分滤出，可以让黄瓜味重一点。

营养价值

黄瓜含有钾和少量的维生素C，不去皮的话，还含有一些胡萝卜素。

食用建议

将黄瓜切成条状，用盐腌后沥干，加白葡萄酒或苹果醋、盐、糖、香菜籽或莳萝（或二者皆用）腌制；用黄瓜、薄荷制作清凉的格兰尼它冰糕（译者注：一种意式沙冰）；剁碎后拌入青谷物沙拉（译者注：指烤熟的未成熟谷物，如青麦仁）或冷米饭中；把黄瓜压碎，加生菜和香草做一碗冷汤；加入西班牙冷汤菜（译者注：西班牙夏季常见的凉菜，用番茄、柿子椒、黄瓜等制成）；用一根擀面杖将黄瓜拍成适合入口的小块，然后加入盐，腌出水分并沥干，最后加入糖醋调料做一盘四川凉菜拍黄瓜；将黄瓜片放入冰水中，加一小撮黑胡椒，制成清爽的饮品；将黄瓜切丁，加入中东面包沙拉（译者注：由烤或油炸的皮塔饼面包，搭配番茄、黄瓜等蔬菜拌成的沙拉）中。

小胡瓜

20世纪初，意大利植物育种家培育出了薄皮的小胡瓜，一种夏季南瓜。硬皮胡瓜会在仲夏成熟，那些未成熟的嫩胡瓜表皮光滑，有绿色的、黄色的，可食用，味道温和而清新。

小而硬的小胡瓜味道最好，12～15厘米长的最好吃。小一点的小胡瓜从头到尾都可以吃，略带坚果味，大一点的小胡瓜应该切掉顶部和尾部。小胡瓜水分含量高，所以不要蒸或煮，否则会变烂糊。小胡瓜花可以油炸后食用。

营养价值

小胡瓜是B族维生素、钾、维生素C和维生素K的良好来源。

食用建议

将小胡瓜切成细条，在植物奶中略浸泡，裹上调味面粉，然后油炸；用优质油和莳萝炖；加入香味浓郁的蔬菜叻沙米粉（译者注：一种起源于马来西亚的面食）或蔬菜千层面中；用炭火烤制粗胡瓜条，与熟豆子或谷物、大量的香草和柠檬调味料混合；加到法式蔬菜杂烩中（译者注：由番茄、洋葱、茄子、小胡瓜、胡椒等烹制成的菜）里；削成薄片放到沙拉中；稍微炖一下，拌上新鲜的香草碎和少许油；用小胡瓜和番茄做一个普罗旺斯风格的脆皮焗菜；将烤好的小胡瓜切片放入夏季蔬菜手抓饭中；磨碎后加入咸味松饼面糊中；小胡瓜花去掉雄蕊后用油炸；小胡瓜片和番茄用牛至调味，烤熟，撒上植物奶酪碎。

南瓜

南瓜是冬季型南瓜属的瓜中最广为人熟知的，自古以来就在欧洲、中东和美洲种植。在美国，南瓜是感恩节庆祝活动的传统食材，如果没有香喷喷的南瓜饼（用罐装南瓜泥做成），节日就不完整。在英国，对南瓜的认知，更多的是在南瓜上刻出凶狠、可怕的万圣节鬼脸，而不是烹饪。

在南瓜坚硬的表皮下是深橘色瓜肉，味道微甜。最好买完整的南瓜，而不是切成块的，因为南瓜一旦被切开，大部分风味都会丧失。大南瓜的肉干巴巴的，不好吃，尽量选择小南瓜。

营养价值

南瓜肉富含β-胡萝卜素，种子是蛋白质、脂肪和铁、钾、铜、锌等多种矿物质的良好来源。

食用建议

烤或炖（可以加大蒜和洋葱做成咸味菜肴），然后用熟南瓜来搭配美味的意大利面，或加高汤和香料做成丰厚润滑的浓汤，或搭配肉桂和糖做成甜味方饺的馅料；切片，层层加入洋葱，入烤箱烤；将半个去子南瓜烤熟，舀出瓜肉，拌入意大利烩饭中；将南瓜子（含有营养丰富的油脂）挑出来，调味，拌些油，烤熟后当零食吃；将南瓜子加适量精炼植物油和盐，压成泥，做成南瓜子酱。

冬南瓜

这种常见的冬南瓜原产于危地马拉和墨西哥，呈球状，表皮色淡而光滑，果肉色橙而密实，一年四季都能吃到。与大多数南瓜品种相比，因为皮相对更薄，更容易去皮。坚实的瓜肉在烹饪后变得香甜而有坚果味，不像其他冬季型南瓜属的瓜那样太水或太粉面。它在炖蔬菜中也能保持形状。

营养价值

冬南瓜富含类胡萝卜素（与红薯和杏的含量相当），也是钙、镁、磷、钾和维生素C的良好来源。

食用建议

切丁烤熟，用来做咖喱菜；磨碎后，与洋葱、大蒜、烤过的香料或香草、面包屑和植物奶酪混合，做成意式丸子，然后略煎；做摩洛哥炖冬南瓜和鹰嘴豆；在斯佩耳特小麦烩饭中加入烤冬南瓜；做一个冬南瓜扁豆汤；切丁，拌上油、辣椒片和大蒜一起烤；炸冬南瓜皮，制成营养丰富的冬南瓜皮片。

其他南瓜和葫芦

帕蒂潘南瓜：是一种夏季型南瓜属的瓜，有白色的、浅绿色的或黄色的，边缘呈扇贝状，味道与小胡瓜类似（但肉质更紧实）。可整个煮熟或蒸熟。直径10厘米大小的最好吃。

硬皮胡瓜：是大而成熟的小胡瓜。但太大的胡瓜就没有清甜的味道了。可挖空、填馅、烘烤，或用来做香料酸辣酱。

瓠瓜：这种热带的冬季型南瓜属的瓜，带有坚果味，在烹饪中不易煮烂。

冬瓜：这是一种大型的亚洲蔬菜，外形类似小胡瓜，味道也很温和、清淡。因其表面覆盖着细小的绒毛，也被称为“绒毛瓜”。冬瓜需要煮熟后再食用。在中国，它也被用作盛汤的可食用容器。

茄果类蔬菜

番茄、茄子、甜椒这几种多肉的、颜色五彩缤纷的茄果类蔬菜均来自热带和亚热带地区。明亮生动的颜色代表它们具有较高的营养价值，无论是慢烤、煎炒还是烧，番茄、青椒、茄子这三种蔬菜都能做到相辅相成。

番茄

这种蔬菜界的水果是一种原产于美洲的热带植物。16世纪早期，西班牙探险家将番茄带到欧洲，如今在全世界得到种植。特别是在地中海地区，番茄是一种重要的烹饪原料。通过驯化，番茄祖先的苦味被淡化，而明显地、入口即甜的味道占据了主导地位。

番茄的品种数以千计，从甜美的圣女果到大而多肉的牛排番茄和传统番茄，应有尽有。在夏季阳光下自然成熟的番茄要比寒冷月份里用冰箱冷藏的温室番茄味道好很多。

烹调时加一点油（或和牛油果一起吃），番茄中的番茄红素更易被人体吸收。另外，番茄酱中的番茄红素含量很高。加入少许糖、醋、柠檬汁等酸性成分可以让番茄的风味更加明显。番茄适合在室温下保存。

营养价值

番茄富含番茄红素、β-胡萝卜素、维生素C和维生素E，还含有钙、镁、磷和叶酸。

食用建议

可用面包、番茄、黄瓜、甜椒、大蒜、醋和油做成清爽冰凉的番茄汤，如西班牙冷汤菜；在做番茄酱时，如果有的话可把番茄藤也加进去，以增强和突出番茄的味道；用熟透的番茄做调味汁，或者搭配大蒜涂在烤面包上；做一个番茄和罗勒的格兰尼它冰糕；切片，加香草和焦糖洋葱一起放在酥皮上烤；用意大利脆巴塔面包、番茄、油、醋、大蒜、刺山柑和香草做一份托斯卡纳面包番茄沙拉；烤带着藤蔓的圣女果；欲去除番茄皮，可在底部切一个小十字，放入沸水中泡30秒，取出沥干，用冷水洗净后去皮；制作美式油炸绿番茄，在油炸之前，把切成薄片的绿番茄厚厚地裹上面粉，然后用打发的植物奶油（译者注：将豆子浸出液如鹰嘴豆浸出液打发，用来替代奶油，）和植物奶搅拌；用烤番茄做番茄酱；慢煮红花菜豆，搭配切碎的番茄和优质橄榄油；制作墨西哥莎莎酱（译者注：一种墨西哥特色的酱，由番茄、辣椒、洋葱、大蒜等制作而成，味道酸辣带甜）或酸辣酱；在番茄酱中加入一撮丁香粉，可以增加番茄的风味。

甜椒

甜椒原产于美洲的热带地区，16世纪由西班牙探险家带到欧洲。这种中空的水果也被称为“灯笼椒”，味道温和不辣口，可以生吃或熟吃。它是红色类胡萝卜素和番茄红素最丰富的来源之一，并且比橙子含有更多的维生素C（甜椒中的含量是橙子的2倍，红椒中的含量是橙子的4倍）。颜色不同意味着成熟度和甜味不同：绿色（未成熟）的甜椒带有酸味、青草味，成熟的甜椒（有红色、黄色、橙色甚至近乎黑色）味道甘甜。甜椒应该选光滑坚实的，吃之前先把带苦味的种子和白色薄膜去掉。长而锥形的品种，如罗马诺椒，与灯笼椒相比，外皮更薄，甜味更浓郁。

营养价值

甜椒富含β-胡萝卜素、维生素C和维生素B_6。

食用建议

烧或烤到表皮起水泡变黑，然后蒸几分钟，最后擦去表皮；烤甜椒可用于制作烟熏鹰嘴豆泥、罗密斯科坚果酱，或者搭配番茄做烤红椒汤；将新鲜甜椒切成片，与洋葱和番茄一起炖成意式炖甜椒；用来做烤箱版法式蔬菜杂烩；炒一下，加入其他烤蔬菜、香草、植物酸奶、酸橙酱和辣酱，铺好后烙成西班牙菜饼；在炒蔬菜中加入切成条的甜椒，翻炒；酿甜椒；将甜椒炒着吃；在秋葵浓汤（译者注：里面一般会有高汤、秋葵及各种风干蔬菜等）中加入红甜椒丁再配米饭。

茄子

茄子与番茄、土豆同属茄科，人们认为茄子起源于欧亚大陆并在亚洲热带地区生根发芽。在中世纪，阿拉伯商人把它们引入西班牙和非洲，又从那里传到欧洲的其他地方。茄子已经成为希腊和土耳其菜肴的基本食材；在南亚，小而脆的茄子被用作调味品或做成咖喱菜。茄子有又大又圆的、细长的，还有蛋形的；小的如豌豆、大的如足球。茄子表皮光滑有光泽、颜色各异，最常见的是深紫色。略苦、如海绵似的茄子经过烹饪会变得软糯如奶油一般。茄子适宜存放在凉爽的地方，不宜放在冰箱里。有些人建议在烹调茄子前，先用盐略腌以去除苦味，但在大多数现代品种中，苦味的特性已经被淘汰了，所以没有必要这样做。在烹饪前用盐腌一下切好的茄子有助于减少对油的吸收，让菜不那么油腻。

营养价值

茄子富含矿物质（如钾）和维生素P等多种维生素。

食用建议

整个茄子慢慢用火烧或烤至熟透且茄肉变软塌，然后做成中东茄泥酱，加些柠檬和油（喜欢的也可以加入大蒜和芝麻酱）；做一个咖喱茄子番茄；茄子纵向对半切开，打十字花刀，淋上油，烤软，抹上味噌和味醂酱，烤至金黄；用茄子和番茄做一份酸甜意式什锦沙拉；做一份温性香料的手抓饭，然后加入烤茄子，拌入一些烤松仁；切成条，裹一层薄面糊，油炸；做成摩洛哥茄子炖鹰嘴豆；加甜椒做成土耳其式甜椒烧茄子。

菠萝蜜

菠萝蜜被认为原产于印度南部。这种又大又重的水果与面包果属于同一热带植物家族，是印度和斯里兰卡菜肴中很受欢迎的一种食材。菠萝蜜的外壳是绿色的、粗糙的，里面有分隔层，果肉呈亮黄色（印度也种植有红色果肉、味道较淡的菠萝蜜），具有细密的海绵状纹理。在其生长区域，通常被分为“硬”（未熟）、“半硬”（半熟）或“软”（熟）几种。

未成熟的菠萝蜜，果肉通常被当作富含淀粉和膳食纤维的蔬菜，用以制作酸辣酱、泡菜、印度蔬菜焖饭、咖喱、墨西哥玉米薄饼、墨西哥辣馅玉米卷饼、油炸饼和炖菜等。菠萝蜜存放一段时间后会成熟，口感变得软甜，可用于甜点中。

菠萝蜜在西方被用作咸味菜肴的肉类替代品，是蛋白质、膳食纤维、胡萝卜素、维生素C以及矿物质的良好来源。在实体店和网店都能买到新鲜的菠萝蜜，也可以购买优质的水浸菠萝蜜罐头。

蘑菇

真菌广泛分布于温带地区，生长在阴凉潮湿的地方，如森林、树林、草地和花园中。然而，在成千万计的可食用菌种中，只有一小部分成功实现人工种植。

蘑菇多在初秋收获，其特有的泥土味和鲜味为食物增添了蔬食美味及肉质口感。通常，野生蘑菇比人工种植蘑菇更美味，但有的种植蘑菇却恰恰相反，它们都属于双孢蘑菇，来自其不同的生长阶段。蘑菇闻起来应该是泥土味和香甜味，应避免吃腐烂的或闻起来发酸的蘑菇。蘑菇的菌盖外皮风味十足，所以除非必要，不要去皮。大多数蘑菇含有80%~90%的水分、多种矿物质、B族维生素、维生素D和大量的钾。

蘑菇宜存放在纸袋里而不是塑料袋里，以免发黏，在烹饪前用厨房纸一一擦净即可。如果用水清洗，洗后应立即烹调，以免水浸透进去。有些素肉是用菌类制造的，质地与肉相似。

白蘑菇

白蘑菇很常见，自17世纪开始进行商业种植。如今，其产量占世界蘑菇总产量的50%以上。小而嫩的白蘑菇被作为纽扣蘑菇出售，那些稍微大一点、更成熟的作为闭伞蘑菇出售。白蘑菇的菌盖是白色的，几乎没有茎，肉质鲜嫩，生吃熟吃均可。闭伞蘑菇的菌盖与其类似，象牙白色，但有伞褶。蘑菇越成熟，味道也越为浓郁。

食用建议

加到泰式蔬菜咖喱中；与平菇、姜或高良姜、大蒜和辣椒一起炒；切成两半，用油和大蒜煸炒；切成细粒，加入沙拉中；在加醋的水中煮熟，然后加入龙蒿和柠檬，或大蒜和黑胡椒，或月桂叶，然后略腌一下，滤掉水分就可以吃了。

栗蘑

栗蘑是一种常见的人工栽培白蘑菇，棕色菌盖，簇状丛生，也被称为克里米尼小蘑菇或波托贝洛小褐菇。相比纽扣蘑菇，肉质感更强，蘑菇味也更足。栗蘑的成熟时间较长，对于人工种植蘑菇来说，味道算相当浓郁了。

食用建议

将栗蘑切丁，加油煎炒，搭配切成碎丁的熟栗子、植物奶油、鼠尾草或欧芹，做成意大利面酱；用来做蘑菇扁豆汉堡；搭配一些泡发的或新鲜的野生蘑菇，用来煮蘑菇汤；煸炒后用作比萨的馅料；加芦笋和香菇一起翻炒；烤制整只的栗蘑，上面撒些松脆的面包屑和香草；切成碎粒，做蘑菇丁法式馅饼（译者注：用碎肉粒或蔬菜丁等做成的馅饼，外面也可有酥皮）或意式波隆那素肉酱（译者注：一种意大利传统肉酱）；切成薄片翻炒，再加些辣味坚果酱，用来拌面。

扁平蘑菇

这是一种生长完全的纽扣蘑菇，菌盖呈开口状，几乎是平的。滋味比嫩白蘑菇更复杂丰富。

食用建议

用油煸炒一下，然后加入龙蒿碎；与南瓜一起烘烤，搭配藜麦或干小麦（译者注：一种半熟的小麦仁）一起食用；蘑菇切碎，和洋葱、大蒜一起煸炒成纯素的杜克塞尔蘑菇丁酱（译者注：一种法式料理，通常为糊状，原料有蘑菇、洋葱、黄油等），然后用作酥皮馅饼的馅料；切成厚片，加香辛料翻炒，用作墨西哥玉米薄饼的馅料；切成片，加油和香草翻炒，搭配柔和、温暖的波伦塔玉米糊（译者注：意大利一种用玉米粉煮制而成的粥状食物）食用。

蘑菇的营养价值

蘑菇富含钙、铁、锌、镁、钾、烟酸、泛酸、叶酸。在紫外线照射下，蘑菇会自然生成维生素D，为了激活这一过程，可在食用前将蘑菇放在窗台上，菌褶朝上放置1～2小时。

干蘑菇

在多数情况下，干蘑菇风味更浓郁，因为水分流失后，蘑菇收缩变小了。羊肚菌、冬菇、香菇和鸡油菌等都可以买到干的。入馔前应将干蘑菇浸泡在温水中直到泡发（平菇浸泡的时间比棕色蘑菇要短），如果想把浸泡蘑菇的水用在菜肴、汤品或高汤中，应先把所有沙粒过滤掉。加一点点泡发的干蘑菇，就可以让普通的（较淡的）白色或棕色蘑菇做成的菜肴味道更浓郁。干蘑菇磨碎后可用作调味品，也可以买磨好的成品。

自制干蘑菇

- 将无斑点的新鲜蘑菇切片，单层码放在托盘或纸上，在阳光下或温暖干燥的地方晾晒2～3天。
- 用刷子把污垢或碎片清除掉，然后保存在干净、密封的容器中。

小贴士

食用前将所有野生蘑菇洗净，必要时用刀刮净蘑菇柄。

其他人工种植和野生蘑菇品种

平菇：为人工种植蘑菇，菌盖呈扇形，肉质结实嫩滑，滋味清香。平菇菌盖和菌柄的颜色会随生长期改变，从蓝灰色到浅棕色有所不同。平菇适合炒菜和煮汤。

香菇：约占世界蘑菇种植总量的25%，在日本和中国广泛使用，是一种重要的鲜味食材。香菇有着棕黄色的菌盖、白色的菌褶，味道浓烈、肉质坚实，最好在鲜嫩时食用。菌柄很硬，烹饪前需去掉（可用于制作高汤）。适合油炸、爆炒或在味噌汤、酸辣汤中使用。

鸡油菌：为深蛋黄色，菌盖凹陷呈喇叭形，边缘有管状褶皱，备受推崇，价格昂贵。深蛋黄色意味着其含有胡萝卜素，而胡萝卜素是维生素A的来源。兼具坚果味和水果味，煮熟后肉质依然致密坚实。灰色的鸡油菌被称为灰褐鸡油菌，适于较温和的烹饪，小火煎炒或慢炖最佳。

黑喇叭菌：也被称为“丰饶之角”。呈喇叭状，十分引人注目，边缘有管状褶皱，菌褶很深。颜色有深棕色、黑色等，泥土味强烈。可切成两半，在食用前用刷子把污垢或碎片清除掉。

羊肚菌：在春天而不是秋天采集，属于珍馐美味。菌盖为圆锥形，上面有深深的脊沟，使它看起来像起皱的蜂巢（译者注：中国人形容为羊肚状，所以叫羊肚菌），味道浓郁强烈，有烟熏味和肉味。羊肚菌不适合生吃，烹饪前一定要洗净、晾干。与大多数蘑菇相比，羊肚菌需要煮久一点。

葱属蔬菜

洋葱、大蒜和韭葱都是葱属植物，地下部分生长的是鳞茎，在不同程度上都有葱属植物特有的刺鼻气味和味道。它们原产于北半球的温带地区，品种繁多，味道从清淡、微甜、微辣到尖锐、强烈和带泥土味，各有不同。葱属植物富含维生素和矿物质，既可以生吃也可以熟吃，是几乎所有菜系的重要食材。加热后，其涩味物质会挥发、分解，味道变得温和鲜美。如果要生吃葱姜蒜，宜先用冷水冲洗，让过冲的硫化物口感和刺鼻味道得以减轻。

葱

葱通常是在叶子还鲜亮、翠绿时被收割下来，味道比成熟洋葱头更温和、更甜。整株葱都可以吃。有些葱的根部有球茎，有些又长又直（像嫩韭葱一样）。西班牙葱外形与嫩韭葱类似，传统上是烤后蘸罗密斯科酱，罗密斯科酱是一种来自西班牙加泰罗尼亚地区的蘸酱，混合了大蒜、坚果、番茄和辣椒（有时也搭配烤红辣椒）。葱被广泛应用于中式烹饪，通常与姜搭配。为了延长保鲜时间，可把葱放在杯子里，杯底放一些水，然后直立存放在冰箱里。一般来说，葱越细味道越温和。

营养价值

葱的营养价值与普通洋葱（参见第67页）类似。

食用建议

用切碎的葱叶代替细香葱（参见第135页）或者用于炒菜；把葱花和土豆泥放在一起翻炒；搭配生菜和豌豆慢炖；把切碎的葱（葱白、葱叶或二者都有）加到塔博勒沙拉（译者注：一种黎巴嫩沙拉）中；加油，把葱炒蔫后再撒些烤榛子仁；整根烤焦后，配上罗密斯科酱食用；将葱切碎后与大蒜、姜一起煸炒，作为炒菜的底料。

小洋葱

小洋葱是洋葱的亚种，有簇状的小鳞茎，可能起源于亚洲中部和西南部。小洋葱常用于法式烹饪，是许多经典菜肴的基础食材。在亚洲，小洋葱被炸至酥脆，然后放在沙拉和肉汤（有时甚至是甜点）里食用。小洋葱可以生吃也可以熟吃，还常常用于腌制（腌制的品种有时被称为珍珠洋葱或纽扣洋葱）。小洋葱和它的亲戚火葱的味道比较清淡温和。它们不像洋葱那样容易褐变，但容易变苦，所以适合小火烹饪或者生吃。

营养价值

与普通洋葱（参见第67页）类似。

食用建议

用油慢慢煎至甜软，做成素食洋葱比萨（译者注：洋葱比萨是法国南部尼斯地区的特色小吃，类似比萨饼底上撒有洋葱、大蒜、橄榄和凤尾鱼等）或酥皮馅饼；在煎锅中加入油、迷迭香或百里香、少许糖和一些红酒，炒成焦糖洋葱；整个用于制作泡菜；用于南印度酸豆汤（译者注：印度一种用蔬菜、扁豆炖制的汤）；剁碎，和调味料搅匀，淋在刚煮熟的嫩土豆上；切成薄片，用油煎至金黄色，做成香脆葱头，是沙拉、蘸料、汤和其他美味佳肴的完美配菜。

洋葱

无数菜肴都是从切洋葱开始制作的。这种可食用的球茎被认为起源于中亚或西亚，已被人类种植和食用了数千年，如今已遍布整个温带地区。洋葱是世界各地菜系的基础食材，颜色从白色、黄色、棕色、紫色到红色都有。有些洋葱的味道温和甜美，另一些则非常刺鼻，硫化物的气味"直窜"鼻腔。一般来说，洋葱越嫩、越绿，刺鼻的味道就越强烈。

大的西班牙洋葱（也被称为黄洋葱）和红洋葱比大的棕色洋葱味道更温和，所以它们都是生吃的好选择。将洋葱与胡萝卜、芹菜一起切成小块，可以做成米尔普瓦配菜或萨佛托配菜（译者注：将以上3种蔬菜切碎，与其他配料混合，作为汤、炖菜和酱料的基础食材），是用于各种法式和意式菜肴的基本食材。在法裔美国人的烹饪中，胡萝卜被青椒取代。好的洋葱应坚实不变形，适合保存在阴凉、避光的地方。

营养价值

洋葱是钙、镁、磷、钾、β-胡萝卜素、叶酸、槲皮素、维生素C和维生素E的良好来源。

食用建议

把切好的红洋葱用等量的糖和红酒醋浸泡大约1小时，然后沥干或者带着糖和醋拌入熟扁豆或干小麦，撒上漆树果；把洋葱切成块，加油和香草烤，喜欢的话还可以加入切成块的根茎蔬菜；用一种或者多种洋葱随意混合，做一份咸甜可口的洋葱汤；做洋葱土豆饼，一种经典的焗土豆：用炒洋葱、土豆片、大蒜、百里香和蔬菜高汤，做成全植物版本；将洋葱切片，用油慢慢煎熟，用来做咸味馅饼的馅料；做巴哈吉炸洋葱饼（译者注：巴哈吉炸菜饼是一种南亚食品，将蔬菜裹上面糊后油炸而成）或炸洋葱圈；在番茄沙拉中加入腌制的红洋葱圈；将整个带皮

小贴士

在汤中加入少许棕色洋葱皮，可让汤带有金黄色，食用前将洋葱皮取出。

洋葱煮20分钟左右，然后沥干，淋上油，撒上香草和调味料，包上锡箔烤至变软呈金黄色。

韭葱

韭葱由古埃及人开始种植，深受古希腊人和古罗马人喜爱。它的鳞茎呈圆柱状，又长又直，味道温和清淡。韭葱叶是绿色的，没有葱白部分鲜嫩，但营养更丰富、味道更浓郁。食用前需清洗干净，因为层与层间常夹杂着泥土和沙粒，应把韭葱从中间划开一个直通到底的口子，然后拿到水龙头下用流水一层一层地冲洗（或者把它们横向切成韭葱圈，浸泡在冷水中）。烹饪时注意避免变成褐色，因为褐变后会失去甜味，变苦。

营养价值

韭葱是钾、维生素K、钙、叶酸、维生素C的良好来源。

食用建议

把青韭葱叶加入高汤、炖汤和炖菜中；将韭葱切成片后加酒和香草炖；做韭葱土豆汤；把韭葱整根煮熟后放在烤架上烧至外层叶子变得焦黑，然后去皮，取嫩芯蘸辣酱吃；把青韭葱叶切成细丝，炒熟，用作汤和沙拉的配菜；把嫩韭葱蒸熟后放凉，蘸油醋汁食用。

大蒜

长期以来，大蒜因其药用价值备受推崇，也因其辛辣刺激而“臭名远扬”。一般认为大蒜是从中亚的野生大蒜进化而来，被广泛使用了上千年。市面上可以买到新鲜大蒜、干蒜或大蒜粉。大蒜既可以作为调味品，也可以当作蔬菜。大蒜有两种类型：软颈蒜和硬颈蒜（译者注：软颈蒜的茎会变黄变软，硬颈蒜可生出较硬的茎，也就是可以吃的蒜薹）。应季的新鲜软颈蒜颜色乳白，涩味较为温和、清淡。随着大蒜的生长，鳞茎膨胀并在白色、粉红色、紫色的表皮内形成彼此独立的蒜瓣。干燥后，就是我们熟悉的干蒜了，也是葱属植物中味道最为浓烈的。大蒜可提升其他食材的风味，本身也是一种重要食材。生大蒜压得越碎，味道也就越刺激。在烹饪中（只要没有被烧黑或烧焦），挥发性的硫化物会转化成美味醇香的甜味甚至坚果味。

营养价值

大蒜富含钾等矿物质、维生素B_1、维生素C。

食用建议

若想给烹饪好的菜肴稍加点蒜味，可将蒜瓣整个放入油中，略加热后将蒜瓣捞出，只使用蒜油；在烤蔬菜的腌料和新鲜的莎莎酱中加入生蒜末；把嫩蒜头和嫩土豆一起烤；把嫩蒜瓣放入意式烩饭的底部；把成熟的蒜头整个包在锡箔纸中烤熟，然后将这些甜蒜加入菜花、胡萝卜或蚕豆泥中，做成蘸酱或沙拉酱；将切碎的蒜瓣涂在面包片上；加到墨西哥莫雷酱（译者注：也称巧克力辣酱，是用巧克力、辣椒、香料及坚果等制作出来的一种酱汁）中；将嫩蒜压碎，加新鲜香草和油，做成蒜香酱；用柠檬、欧芹和大蒜做格雷莫拉塔酱；用去皮扁桃仁、隔夜面包、大蒜、雪利醋、油、冰水和黄瓜做西班牙冷汤菜；将大蒜和姜压成糊状，用作咖喱和腌料的底料。

野生大蒜

在森林里，你在看到野生大蒜之前就能嗅出它的气味。它生长在春天，是采集者和农贸市场的最爱。野生大蒜的青蒜叶富有光泽、味道刺鼻，富含维生素C和β-胡萝卜素，蒜味足，采摘后应尽快食用。野生大蒜快过季时，会开出可食用的白色星形大蒜花；可把大蒜花撒在沙拉上。

芸薹属蔬菜

人们认为，原产于欧洲沿海地区的芸薹属植物甘蓝类野生卷心菜，经过数千年的进化，形成了多系列多品种的叶类蔬菜。

卷心菜已有数千年的种植历史，许多品种被培育成今天熟悉的紧实的圆头卷心菜。卷心菜优点颇多，但常常被一种布满厨房的难闻气味所掩盖，这是因为卷心菜煮得过久会释放出含硫化合物。其实，经过细心处理的卷心菜娇嫩多汁、清新可口并富含多种极具价值的营养成分。卷心菜光滑多汁的菜叶可生吃也可熟吃：生吃时，口感鲜爽，有点芥末味和青草味；煮熟后，甜味会更浓。卷心菜应该选沉甸甸、坚实、菜叶没有变色的。

西蓝花和菜花被认为是由卷心菜的花芽培育而成的，形成了紧凑多枝的小花苞簇（未发育的花朵），但西蓝花、菜花中哪一个先出现尚不确定。芸薹属蔬菜富含膳食纤维、维生素C和β-胡萝卜素。

萨沃伊卷心菜

萨沃伊卷心菜盛产于冬季，菜叶纹理明显，味道比白色的卷心菜即圆白菜或紫色的紫甘蓝更浓郁。绿色的菜叶呈褶皱状，形成松散的卷心菜头，口感爽脆，令人喜爱。在许多菜系中，其较厚的外叶被用来包裹美味的馅料。吃菜叶前，应先把坚硬的叶梗切掉。烹饪前，将切好的叶子用冷水浸泡一小会儿，可以去除所有苦味。绿色的外叶比浅色的内叶含有更多的胡萝卜素。

营养价值

萨活伊卷心菜富含β-胡萝卜素、铁、维生素K，也是维生素C的良好来源。

食用建议

切丝后，加油和葛缕子（还可以加些大蒜）一起炒至刚好变软；切丝后，用印度香料油（香菜、孜然、咖喱叶、芥菜籽、姜黄）轻轻翻炒；将整片叶子焯水或蒸熟，沥干，放入米饭或扁豆、洋葱、坚果碎、香草的混合物，然后拌上番茄酱进行烘烤；做一个意式杂蔬汤：先炒洋葱、胡萝卜、芹菜、韭葱，再加入番茄、白芸豆和蔬菜高汤，慢炖，快熟时，加入卷心菜丝略煮后上桌；在沙拉中加些生卷心菜，配上柑橘味调味汁。

紫甘蓝

紫甘蓝味道比圆白菜（即白卷心菜）更甜，泥土味也更重。它的菜叶呈深紫红色，营养丰富，可以生吃，也可以熟吃。煮熟需要更长的时间。如果在烹调中没有水果、葡萄酒或醋等含酸物质的加入，那么加热后会变成紫蓝色。紫甘蓝含有一种名叫花青素的植物化学物，已被证明有助于降低心脏病风险。

营养价值

紫甘蓝富含维生素C和胡萝卜素，比圆白菜含有更多的维生素K、铁和胡萝卜素。

食用建议

紫甘蓝与苹果、洋葱、杜松子或八角茴香、月桂、糖和醋一起慢炖；搭配胡萝卜、洋葱、茴香、芥末、植物酸奶或芝麻酱、新鲜香草做成凉拌紫甘蓝；切丝，在汤面快熟时加入；切丝，与胡萝卜碎、甜菜根碎和剁碎的枣拌匀；加栗子碎一起翻炒。

圆白菜

圆白菜的叶子包裹紧密，是一种结实的、颜色浅白的圆头卷心菜。经常用于生吃或做成泡菜、腌菜，德式酸菜和圆白菜汤在俄罗斯的烹饪文化中扮演着重要的角色。圆白菜耐储存。

营养价值

圆白菜富含维生素K、维生素C、镁和叶酸。

食用建议

切丝后，拌上花生仁和辣椒酱，做成亚洲风味的凉拌圆白菜；制作德式酸菜——发酵的圆白菜：把切成薄片的圆白菜和精海盐（或岩盐）、葛缕子放在碗里搅拌均匀，静置20分钟，然后连同碗里的汁水一起装进干净容器里；制作速成泡菜：将圆白菜切成细丝，加入醋、蜂蜜、香菜或茴香子、姜、辣椒搅拌混合（在一两个小时内食用）；切丝后搭配豆芽和其他蔬菜丝做成越南春卷，蘸花生酱和酱油食用；切成大块，淋上油，烤至软熟。

抱子甘蓝

抱子甘蓝为卷心菜的一个变种，在细长的茎上结着小而紧凑的头。这种微型亚种卷心菜有着迷人的坚果味，但也有强烈的苦味，让一些人感到厌恶。在烤或煎之前，将其对半切开并在沸水中稍微焯一下，可以大大地减少苦味。如果抱子甘蓝是完整的，带着叶子，可像煮其他嫩叶菜（参见第74页）一样烹调抱子甘蓝的叶子。抱子甘蓝在冬天最好吃，可以生吃也可熟吃。

营养价值

抱子甘蓝富含钙、镁、铁、磷、钾、β-胡萝卜素、维生素C、维生素K、维生素E和叶酸。

食用建议

将抱子甘蓝切碎，加入一点辣椒片和一些大蒜、姜，还可加一点熟栗子碎，加油煎炒；切开后用于炒菜或炒饭；切薄片，加到土豆泥中，边搅拌边炒，直至起泡并吱吱作响；稍微蒸一下，撒上肉豆蔻粉即可食用。

西蓝花

西蓝花原产于地中海东部，是卷心菜家族的一员，它的特点是嫩芽（通常是绿色的）密集，形成簇状。公认的有3种：青花菜——整只菜花头下为肉质茎；散绿菜花——菜花成小而松散的花簇（有紫色、绿色或白色），下面茎较长而且彼此分离；宝塔菜花——成群的多个黄绿色花簇聚集在一起，形成一个大菜花头。青花菜多汁而味道温和，散绿菜花往往味道更浓郁，带有泥土味、铁味。宝塔菜花有坚果味且略带甜味，风味介于青花菜和菜花之间，花蕾簇拥在紧实的分形球果中，十分上相。这三种西蓝花只需要稍稍煮一下即可。在煮熟的西蓝花中加入一点芥末有利于生成萝卜硫素——一种可维护健康的化合物（卷心菜、抱子甘蓝和羽衣甘蓝也是如此）。

营养价值

西蓝花含有大量的矿物质、胡萝卜素、叶酸和钙，维生素C的含量高过橙子。

食用建议

用削皮器削掉西蓝花菜梗的皮，菜梗可以生吃也可以切碎后煮汤或用油炒；在锅中先把洋葱和大蒜煸熟，再把小朵西蓝花和菜梗在盐水中焯水后放入锅中，加入少许烤面包屑、新鲜香草和刺山柑，炒匀后用来拌意大利面；蒸西蓝花可以保留大部分营养物质；小朵西蓝花搭配豆腐和姜炒，做成中式炒菜；用橄榄油烤小朵西蓝花，然后用柠檬调味，撒上烤松仁；如果想煮整个西蓝花，最好把西蓝花竖着放在锅中，这样西蓝花头就不会煮过头；烤小朵宝塔菜，配上圣女果，然后加入扁豆沙拉拌匀。

菜花

菜花是卷心菜家族中温文尔雅的一员。一般认为，菜花起源于地中海东部。菜头呈乳白色，有密集的花球（小花簇），花球和中央短缩的菜梗都带有淡淡的泥土味，煮熟后变化出坚果味，成为令人满意的美味。如果煮过头了，菜花的硫黄味会令人不快。菜花切得越碎，硫黄味就越冲。紫色和橙色品种比白色品种含有更多的植物化学物。可食用的叶子又嫩又甜。

营养价值

菜花富含钾、铁和锌，还含有胡萝卜素和维生素C。

食用建议

把小朵的菜花用水焯一下，然后用加糖、香料的葡萄酒醋腌渍；在沙拉中加入生的小朵菜花；刷上调味油，连同绿叶子整只烤制；把叶子和小朵菜花用于炒菜；做一个咖喱菜花鹰嘴豆；做蔬菜泥：先煸炒洋葱，再加入小朵菜花、植物奶，用小火慢炖至变软，即可压成顺滑的蔬菜泥（如果喜欢味道重一些，可先把菜花烤熟）；把小朵菜花用天妇罗料或调味鹰嘴豆面糊裹一下后炸透，然后蘸着辣椒或日本酱油吃；做一个印度土豆菜花（译者注：是一种来自印度的传统菜

小贴士

加热后，西蓝花的味道会变得柔和，而菜花的味道会变重，芥辣味更浓。

肴，味辛辣，主要由菜花、土豆和洋葱混合香料制成，慢慢煮至熟透）；小朵菜花加入孜然粉、肉桂和姜后烤制，然后拌入扁豆、腌柠檬和绿叶菜沙拉，撒上烤扁桃仁；磨碎或压碎，制作菜花饭；用炭火烤菜花厚片，然后配上芝麻酱吃。

卷心菜的其他品种

球茎甘蓝：球茎甘蓝来自卷心菜家族，外皮厚硬，膨大为球茎，其质地脆嫩，味道温和，类似于西蓝花菜梗。外表像一个萝卜，可以生吃，也可以像欧防风或根芹那样稍微熟一下。

芜菁甘蓝：芜菁甘蓝属于膨大的球茎，是萝卜和卷心菜的杂交品种，味道甜辣，富含淀粉。有白色的也有黄色的，经常是煮熟捣碎吃，也可以生吃。

绿叶蔬菜

绿叶蔬菜可以说是无所不能，几乎可以与任何食物搭配，几千年来一直是重要的食物。绿色蔬菜富含膳食纤维，与长在主茎顶端、菜叶紧包的叶菜（如卷心菜）相比，松散的叶菜能积累更多的维生素C、类胡萝卜素。新鲜嫩叶中的膳食纤维最少，味道最鲜美。叶子颜色越深，维生素和矿物质越丰富。

羽衣甘蓝

羽衣甘蓝起源于欧洲的野生卷心菜，一直是欧洲常见的绿色蔬菜。羽衣甘蓝是冬季叶菜，耐寒，有浓郁的泥土味和似肉的质感。卷叶甘蓝是羽衣甘蓝最常见的变种，叶脉较硬，烹饪前应去掉，如果叶脉可轻易折断，应该足够嫩，可用于烹饪和食用。黑甘蓝有着长长的深绿色（几乎是蓝黑色）皱折状叶子。俄罗斯红色羽衣甘蓝带点紫色，叶子小巧、呈裙褶状，比普通的羽衣甘蓝更软嫩，只需要稍微加热即可食用。

营养价值

羽衣甘蓝富含镁、维生素C、钙和B族维生素。

食用建议

在沸盐水中焯一下，沥干，挤出多余的水分，加蒜片用橄榄油炒熟；用黑甘蓝、白芸豆、面包、洋葱、芹菜、大蒜和番茄来制作令人胃口大开的博利塔杂蔬汤（译者注：一种来自意大利托斯卡纳的杂蔬汤，由甘蓝、豆子、面包等煮成）；摘好菜叶，放入碗中，滴少许油，抓揉几分钟，使其变软，然后铺在烤盘中，撒上香料、盐、营养酵母，入烤箱烤至变脆后取出；放入沙拉中生吃，也可放油抓揉一会儿，使其变塌软；加苹果或胡萝卜榨成汁。

春绿甘蓝

尽管它的名字似乎暗示着什么，但春绿甘蓝一年四季都有。这种耐寒的松叶卷心菜是芸薹属的一员，叶子是松散的，中间是较浅的黄绿色内叶，软嫩、柔滑、甘甜，煮熟后带一些卷心菜味。深绿色的叶子需要烹饪较长时间，味道也比浅色叶子更强烈。“春绿菜”，也被用来形容其他十字花科植物的嫩叶，如菜花、西蓝花、萝卜和羽衣甘蓝。

营养价值

春绿甘蓝富含维生素C、维生素E、维生素K、铁、钾、钙和膳食纤维。

食用建议

蒸熟后，加辣椒和大蒜翻炒，挤点柠檬汁，撒上烤榛子仁；把叶子卷起后切成细丝，放入油中炸脆，做成“香脆海带”；切成条状，加入印度椰子炖豆或咖喱鹰嘴豆南瓜中；切丝，焯水，加入炖白芸豆；切片蒸熟，加到温热的藜麦或干小麦沙拉中，淋上芝麻酱或柑橘芥末酱后搅拌；和野蒜一起炖。

甜菜

虽然甜菜与菠菜外形相似，还有相似的泥土味，但它实际上是一种甜菜根变种，经培育后可长出宽而多肉的叶梗。深绿色叶子宽大卷缩，叶子和叶梗的甜味明显夹杂着矿物质味，质感比菠菜略粗糙。甜菜品种繁多，叶梗的颜色有白色、红色、紫色、黄色，多如彩虹。瑞士甜菜比其他彩色甜菜更耐寒，茎浅白，叶梗非常鲜嫩。嫩的甜菜叶可以生吃，成熟的、较大的甜菜叶可以焯水后食用或煎炒。甜菜较大时，可把叶子和茎分开煮，茎要煮久一点。

营养价值

甜菜富含维生素K、维生素C、胡萝卜素、镁、铁和钾。

烹调建议

用甜菜叶、茎和小胡瓜、大蒜、洋葱、米饭、植物奶酪一起做成法式开胃菜；做成摩洛哥塔吉锅菜，用甜菜叶和茎加洋葱、香菜和辣椒粉慢慢炒，再加入米和少许水后煮至大米熟；用于制作热的炖蔬菜或意式烩饭；加大蒜、油和柠檬翻炒；用生的嫩叶拌沙拉。

菠菜

世界上最早种植菠菜的是公元4世纪的波斯人。中世纪晚期，菠菜被引进到欧洲，18世纪开始广泛种植。菠菜带有淡淡的苦甜味、泥土味，适于各式菜肴。菠菜嫩叶可以生吃。生菠菜带有酸涩味，焯水后可以消除。菠菜叶富含水分，所以做熟后体积大大缩小，只有原来的十分之一。烹煮前，可把成熟菠菜的粗硬叶梗去掉。

营养价值

菠菜富含叶酸、β-胡萝卜素、钾、铁、钙、维生素E和镁。

食用建议

把焯水后变软的菠菜切碎、加入到酿奇面团中；可用于制作印度咖喱蔬菜；菠菜叶彻底洗净，沥干水分，放入锅中煮至软缩，再沥干水分，淋上油，撒一些现磨的新鲜肉豆蔻碎和柠檬皮碎；在新鲜的菠菜叶上放上炸豆腐丁；用豆腐代替菲达干酪，搭配菠菜做希腊菠菜派、西班牙菠菜派；菠菜搭配烤松仁、罗勒和油，压碎后做成香蒜酱。

亚洲的绿叶蔬菜

亚洲的大多数绿色蔬菜都是芸薹属的成员（卷心菜和芥菜），可以用类似的方式加工、食用，通常适合在高温下短时间烹饪。味道从辣味、甜味到淡味，各不相同，并且大多数叶子都很嫩。

油菜：也被称为中国青菜或中国卷心菜。油菜有浅色的肉质叶梗和光滑的绿色叶子，带有淡淡的芥辣味，像是混合了卷心菜和菠菜的味道。和卷心菜相比，它与萝卜的种属关系更密切。嫩油菜可以整颗煮。

中国菠菜：又称红根菠菜。中国菠菜和其他菠菜没有植物种属上的联系，只是味道较为相似。小的中国菠菜嫩叶可以生吃。

白菜：也被称为大白菜，叶子呈浅绿色，卷曲，长而宽的白色叶梗，质地松脆，有淡淡的卷心菜味，几乎没有辣味。新鲜的可以生食，也可以煮熟食用，通常用于沙拉、汤、炖菜和炒菜中。

中国芥菜：又称盖菜。深绿的叶子有较重的辛辣味。嫩叶可以生吃，味道浓烈的老叶最好炒一下或焯一下。

菜心：又称菜薹，种属与欧洲油菜有关。花为亮黄色，菜叶为绿色，细梗为淡绿色，通常是成捆出售。菜心的味道清淡。

芥蓝：也叫中国甘蓝。味道比菜心更浓，花是白色的而不是黄色的。在植物学中，它与芥菜同属，叶梗长而细，叶子松散，味道浓郁，质感较粗。芥蓝所有部位都可以食用（通常是快炒），去皮的茎是一种美味。

空心菜：空心菜又称为蕹菜、通菜等，茎中空，叶窄而尖，味道与菠菜相似。

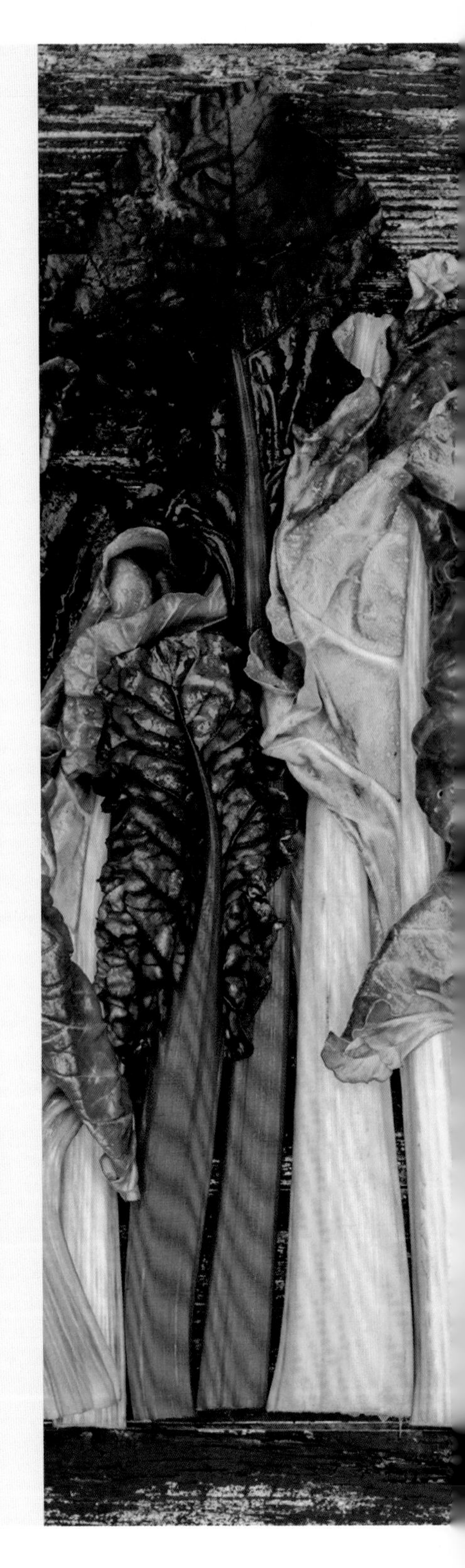

沙拉用叶菜

菊苣和欧洲菊苣：菊苣和欧洲菊苣都有坚实、松脆、清爽的叶子，营养成分与生菜相似（欧洲菊苣的叶酸含量特别丰富）。菊苣也叫比利时菊苣，有长矛状浅色叶子；欧洲菊苣是菊苣的近亲，苦味稍浅，有卷叶菊苣和阔叶菊苣两种。阔叶菊苣不如卷叶菊苣苦。菊苣、欧洲菊苣搭配富含油脂或有甜味的食材，或者焯水，可以使苦味柔和适口些。新鲜的可以生吃，也可以炖煮和烧烤。

红菊苣：在意大利很流行。有三种主要类型：圆头菊苣，味道苦甜，最适合做沙拉；特雷维索，头部细长呈锥形，叶子较尖；卡斯泰尔弗兰科，一种头部松散的菊苣，叶子呈淡绿色，带有红色条纹。

在意大利，质地较硬、有纹理的叶子通常会烫蔫后做成馄饨馅，还可以配沙拉或烤着吃。

芥菜苗：刚发芽的芥菜幼苗可用来做沙拉。芥菜苗颜色呈深绿色，较为辛辣，小小的叶子呈心形，富含胡萝卜素和维生素C。

芝麻菜：芝麻菜味道浓烈辛辣，原产于地中海。嫩叶味道更温和，口感更嫩。可把它和味道更为清淡的叶子（比如菠菜）混在一起做成芝麻菜香蒜酱。

生菜：生菜从古代就开始被种植，那时的生菜是松散的，不结球，直到16世纪才出现圆而坚实的结球生菜。生菜是最受欢迎的沙拉用蔬菜，有绿色的、红色的，还有带斑点的。

生菜，尤其是绿叶生菜，是β-胡萝卜素、镁、钾、叶酸、维生素C和维生素E的良好来源。

奶油生菜：圆形叶子柔韧弯曲，包裹成一个柔软的生菜球，口感软嫩、有宜人的淡淡甜味。

长叶生菜（罗马生菜）：口感和结球生菜一样清爽，绿叶菜的味道非常浓郁。有带红色斑点的变种，带有黄油质感和甜味。

结球生菜：结球生菜松脆、紧实，菜叶包得很紧。淡绿色的叶子几乎没有味道，生脆的口感让它在沙拉和三明治中成为重要角色。

小宝石生菜：一种甜的、个头儿较小的长叶生菜品种。生吃和熟吃都很受欢迎（可将生菜一分为二或一分为四，加些薄荷和豌豆，用蔬菜高汤炖）。

羊肉莴苣：也被称为玉米莴苣、野苣。叶子较小，呈深绿色，味道清淡，新鲜的可生吃，不用煮。

豆瓣菜：芥菜家族的蔬菜，有辛辣味和带矿物质味的清爽感。深绿色的叶子和菜梗富含钙、镁、磷、钾、维生素C以及β-胡萝卜素。通常生吃，也可以加在汤中。

小萝卜

小萝卜是植物的主根，口感松脆、辛辣。

小萝卜品种繁多，大小、形状和颜色差别很大，可大致分为三类：西方小萝卜、冬小萝卜和东方小萝卜。它们虽然口感和味道相似，但辣度有所不同。萝卜皮大多光滑、可食用。

在西方小萝卜中，最广为人知的是长长的法式早餐萝卜（法式早餐萝卜的味道比大多数萝卜更温和，有些人说味道更淡）和圆圆的樱桃萝卜。白萝卜又白又长，肉质温和多汁，通常被切成薄片或腌制后吃。黑色的冬小萝卜是东欧菜系的特色，肉质粗糙、辛辣，常用来做萝卜泥或咸菜。

质地硬挺的小萝卜口感最为新鲜甘甜。尽可能购买顶部有萝卜缨的小萝卜，萝卜缨也可以吃。萝卜煮熟后，辣味减弱。

营养价值

小萝卜是钙、镁、钾、磷、β-胡萝卜素、叶酸和维生素C的良好来源。白萝卜的维生素C含量是胡萝卜的2倍，但铁和钙含量较低。

食用建议

切成薄片加入沙拉中，加入柑橘调味料和新鲜香草；搭配小洋葱和香菜做一个萝卜莎莎酱；加入香料，制成韩国泡菜；水中放盐、糖、白葡萄酒醋、柠檬和莳萝，将切好的萝卜放入水中腌制；将法式早餐萝卜对半切开，加龙蒿或百里香，用油煎炒，加少许高汤或葡萄酒；和其他绿叶菜一起翻炒；用烹调菠菜的方法烹调辛辣的嫩萝卜叶；加油、迷迭香，抓匀后烤熟（还可以加入枫糖浆）。

牛油果

牛油果原产于中美洲，呈珍珠状或圆球形，内有黄绿色的果肉和一颗大种子。目前最受欢迎的有两个品种：一种是哈斯牛油果，个头儿小，棕黑色，外皮坚韧，凹凸不平；另一种是光皮牛油果，个头儿较大，外皮光滑。大多数人认为，哈斯牛油果口感出众，比光皮牛油果含有更为丰富的油脂。

牛油果通常生吃，黄油般的果肉含有15%到30%的单不饱和脂肪酸，带有淡淡的坚果味和青草味，也是蛋白质、碳水化合物、维生素和矿物质的良好来源。

牛油果切开后，果肉会迅速变黑。在果肉上涂抹或淋上柠檬汁（或酸橙汁）可防止变色。欲判断牛油果是否成熟，可轻轻挤压果把端，微微有些软即可。可以购买硬牛油果，在家里放至完全熟透后再冷藏。

营养价值

牛油果富含钾、铁、铜、磷、β-胡萝卜素、叶酸、维生素K和维生素E。

食用建议

把成熟牛油果与酸橙汁、辣椒和香菜一起捣碎，制成墨西哥牛油果酱；加入植物奶昔或豌豆黄瓜冷汤；切成丁，和番茄沙司一起加到黑豆墨西哥玉米卷饼、墨西哥玉米薄饼或油炸玉米粉饼中；将牛油果、嫩蚕豆、油和柠檬捣碎，抹在吐司上食用；与烤桃子（或油桃、芒果）、野米、豆子和烤蔬菜一起，搭配墨西哥玉米薄饼吃；压烂后加香草、酸橙汁和植物酸奶，做成植物奶油酱；放到蔬菜米饭寿司卷或越南春卷中；压烂后撒上可可粉、酸橙汁和枫糖浆，做成甜慕斯；压烂后加香草和烤坚果做成香蒜酱。

嫩茎蔬菜

嫩茎蔬菜的嫩茎和嫩叶柄都可作为食材。有些生吃就很鲜嫩，有些需煮熟后才会变软嫩。

芦笋

芦笋原产于中欧、南欧、北非、西亚和中亚。古代就开始种植，并被视为美食珍馐。中世纪时，芦笋从烹饪地图上消失不见了，直到17世纪才重新流行起来。

芦笋的嫩芽即芦芽，在西方被称为“矛尖”，需要人工采割，采收季节非常短暂。白芦笋和绿芦笋是同种的，只是白芦笋在生长过程中被土壤覆盖，以防止在阳光下产生叶绿素。与绿芦笋、紫芦笋相比，白芦笋膳食纤维含量更高，味道也更清淡。

绿芦笋、紫芦笋的鲜嫩芦芽带有明显的甜味、坚果味和硫黄味，比白芦笋的营养更丰富。芦笋的甜味很快就会消失，所以购买后要尽快食用。要挑选花苞紧致、嫩芽结实的。

修剪下来的硬质根部可用于煲汤或制作高汤。如果可能，煮时让芦芽保持直立，让嫩茎部分在水中，芽尖部分在蒸汽中。储存时，在容器中放一点儿水，将芦芽直立于容器中，放入冰箱，更便于保鲜。

营养价值

芦笋是维生素C、维生素E、维生素K、铁、钾、叶酸和β-胡萝卜素的良好来源。

食用建议

把嫩芦芽去皮，加入沙拉中生吃；做成芦笋意式烩饭，可把硬质根部加到汤里（而不是饭中），让芦笋的味道更浓；在烤盘或烧烤架上烤熟，撒上橄榄油、柠檬汁、橙汁或醋；去皮，切片，放入锅中翻炒；趁热搭配嫩土豆；焯水，剁碎，加入凉面和黄瓜沙拉中，搭配花生酱或味噌酱；切片，与小洋葱、豌豆和柠檬皮碎一起炒香，然后拌入意大利面，上面撒上炸面包屑或烤坚果；与根芹、豆腐、萝卜、菜花或球茎茴香一起切成丁，烤着吃。

球茎茴香

人工种植的球茎茴香有三种：苦茴香、甜茴香（用于草药）和佛罗伦萨（意大利地名）茴香（可作蔬菜食用的甜型茴香）。佛罗伦萨茴香膨大的叶柄基部由紧密重叠的茎组成，质地清爽干净，生吃时有茴香味和柑橘味，煮熟后会变得甘甜醇厚。球茎茴香剥下来的部分可以放在冰箱里，做高汤时加到锅中。如果球茎茴香带有完整的羽毛状叶子，可以用在沙拉中或做装饰菜——它们的茴香味比球茎较为温和。

营养价值

球茎茴香富含钾、叶酸，还含有胡萝卜素、钙、维生素C、维生素E、维生素K。

食用建议

切成薄片，挤上一点柠檬汁；加入豆瓣菜、芝麻菜和橙子做成的沙拉中；焯水，切厚片，然后在烤盘或烧烤架上烤至焦黄，用橄榄油和柠檬调味；切块，加洋葱一起炒，作为意式烩饭的底料；和洋葱一起慢炖，然后铺在面饼或比萨上；切薄片，加到德式酸菜中；和根芹丁一起烤；焯水后裹上面糊，油炸；一切两半，加少量白葡萄酒、橄榄油和柠檬汁炖煮；小火煮至变软，沥干水分，拌入橄榄油后压成蔬菜泥。

芹菜

芹菜起源于一种野生的、茎中空的、味道苦涩的绿色伞形科植物（有时也被称为"小菜"），原产于温带的海岸线和沼泽地带。在古罗马时代，芹菜是一种很受欢迎的调味品，直到18世纪，叶柄被培育至更嫩、更甜后，才成为蔬菜。现代种植的芹菜含有大约95%的水分，有一种微妙的、淡淡的坚果味和茴香味，咀嚼时可发出刺激食欲的嘎吱声。绿芹和白芹是同一种植物，只不过白色、浅绿色的芹菜是"漂白"过的（用土堆覆盖住不断露头的芹菜），或者品种自身颜色偏浅。白芹的味道比绿芹略淡，绿芹味道更浓、有辛辣感。芹菜可以生吃，也可以熟吃。

芹菜靠近芯的部分口感最嫩。如果觉得芹菜老，可以用削皮器削去外层纤维。芹菜茎结实脆硬。如果买来的芹菜带有叶子，可以把叶子做沙拉或汤。

营养价值

芹菜是钾、叶酸和β-胡萝卜素的良好来源。

食用建议

芹菜芯可用高汤或水小火慢炖；将芹菜、洋葱、香草和橄榄油一起烤，然后压碎，加入高汤做成汤；用于熬高汤；与切碎的洋葱和胡萝卜一起翻炒，做成甜味蔬菜汤底；嫩茎切片后，搭配核桃仁和苹果做成沙拉（芹菜和核桃仁的味道相近而互搭）；用芹菜叶做沙拉或汤；将芹菜切碎后加姜炒香。

洋蓟

洋蓟来自于一种类似蓟的植物，是原产于欧洲和北非的刺菜蓟的表亲，经过培育可以长出各种各样的头状花序。未成熟的洋蓟头由坚硬的、紧密重叠的叶子（苞片）组成，这部分可以食用；毛状纤维（被称为花托）下多汁的肉质基部，不能食用。

在古希腊和古罗马时代，洋蓟就作为一种蔬菜被种植，在意大利菜肴中一直长盛不衰。洋蓟的颜色有绿色、紫色、紫罗兰色等多种，吃起来有一种复杂的泥土味和坚果甜味，质感香滑。洋蓟大小不一，有幼小的嫩芽，也有胖大的头部。

洋蓟通常熟吃，嫩洋蓟既可以整个生吃也可以熟吃，这时毛茸茸的花蕾还没有长成，叶子也还没变硬。嫩芯通常罐装售卖。洋蓟的独特之处在于，它具有欺骗性，能让你吃洋蓟后再吃任何食物都觉得更香甜。

营养价值

洋蓟富含铁，也是B族维生素、维生素C、维生素K、钙、镁、磷、钾、锌和叶酸的良好来源。

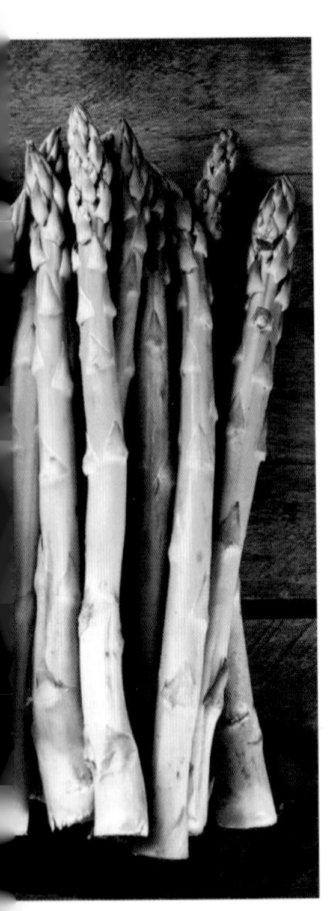

食用建议

准备一个大的洋蓟，先把梗去掉，撬开叶子，剥掉花托，然后冲洗，在盐水中加入少许柠檬汁煮至变软（10～30分钟），或者在烹饪前去掉叶子和多毛的花托，只煮芯部；吃整个煮的洋蓟（不管是冷的还是热的）时，可先把叶子扯下来，蘸食味道浓烈的调料，然后用牙齿把叶片底端软嫩的部分咬下来吃；在吃洋蓟芯部之前，应先把花托除掉；将整个紫罗兰色嫩洋蓟煮至软嫩，剪去外皮的硬叶，去除多毛的花托，对半切开；煮熟的洋蓟芯可放入意式烩饭或炖菜中，或与罐装白芸豆和柠檬汁一起压成泥，做成蘸酱；把嫩洋蓟切片后加入沙拉或炸制。

秋葵

秋葵属于锦葵的一种，也被称为“美人指”“羊角豆”，生长在热带和亚热带地区，在尚未成熟时采收。秋葵有一种温和的甜蔬菜味，和红花菜豆的味道不同。秋葵浓稠的黏液（人们对它的看法不一，毁誉参半）可让菜肴挂汁拉稠。在克里奥尔和卡真菜系中，“秋葵浓汤”的特色就是加入秋葵让汤变得黏稠。

秋葵的豆荚坚实有棱脊，大多呈绿色的，但有时也可以买到红色的（有些红色品种在煮熟后会变绿，有些则保持原有的颜色）。如果不想让豆荚过于黏稠，可以在烹饪前用一点柠檬汁浸泡豆荚，去掉梗后不要切片，整个放入锅中烹煮。烹煮时间越长，秋葵就越黏。

营养价值

秋葵是钙、镁、锌、B族维生素、磷、钾、维生素C和ω-3脂肪酸的良好来源。

食用建议

淋上油，整只烤30分钟或直至变软；裹面糊，然后油炸；和四季豆一起加入以番茄为底料的蔬菜咖喱中；稍微烤一下，在还脆硬时加到印度炖豆或椰子咖喱中；纵向切两半，用少许油煎至变脆；将秋葵放入甜醋汁中，加入芥菜籽、胡椒和月桂叶等辅料腌渍。

甜玉米

玉米已被人类种植了近万年，经过数千年进化，形成了今天人们所熟悉的有着一排排细嫩玉米粒的大个儿玉米棒。

在诸多美洲文化早期，玉米都是主要食粮。16世纪传入欧洲后，逐渐成为一种重要的农作物，现在几乎每个大陆都有种植。玉米与大豆、小麦和水稻一起，是人类种植最为广泛的粮食作物之一。

玉米可被加工成多种产品，常以新鲜、冷冻或罐装形式出售。甜玉米棒多汁香甜，但香甜美味在采收后会很快变淡甚至消失，所以购买后应尽快食用。

玉米棒的外皮应该是完好无损的、干净的、绿色的，里面包裹着长满饱满的黄色玉米粒的玉米棒。嫩甜玉米是在未成熟时采摘的，味道温和、质地爽脆。

营养价值

玉米富含胡萝卜素、维生素C和钾。

食用建议

将玉米棒放入沸水中煮熟（5~15分钟）；在莎莎酱、沙拉或墨西哥玉米薄饼中加入煮熟或烤熟的玉米粒；在炒菜中加入嫩甜玉米；将玉米粒加到五香蔬菜油炸饼的面糊中；将新鲜的玉米粒加入浓汤；做墨西哥玉米黑豆汤；把玉米棒的外皮剥下来（尽量保持完好无损），然后去掉玉米须，再把外皮包好，在烧烤架上慢慢烤熟（如果没有外皮，用烤箱专用纸包裹）；用小洋葱和芥末子为佐料制作五香玉米。

鲜杂豆

豆类植物家族中成员众多，为已知最古老的粮食作物之一，豌豆、大豆等是其中的重要成员。豆类中的蛋白质含量很高，是大米、小麦的2~3倍，非常有营养。数百个豆类品种可大致分为两类：豆荚可食用的和豆荚不能食用的。大多数需要去荚的豆子通常以干豆和罐装的形式出售。购买新鲜豆角时，硬度是衡量是否新鲜的重要指标。煮新鲜豆角时，在水中加盐，煮后过冷水冲洗，可让豆角保持颜色鲜艳不变。

豌豆

豌豆原产于西亚，自古以来就是一种主要食粮。干豌豆是欧洲饮食的重要组成部分，可食用的新鲜嫩豌豆直到16世纪才被开发出来。现在大部分的豌豆产品仍然是干豌豆，整个煮熟后压碎或磨成粉。豌豆采摘后香甜味很快就会消失，冷冻豌豆可保留大部分口感。用于鲜食的豌豆品种通常在采摘后几个小时内就被冷冻或制成罐头。青豌豆是一种矮种豌豆（并非不成熟的花园豌豆），特别嫩，味道甘甜、清香。

营养价值

豌豆富含钙、镁、磷、B族维生素、钾、锌、铁。

食用建议

用油将洋葱或葱煸炒后，加入豌豆、莴苣丝或圆白菜丝、一点高汤（或酒），盖上锅盖炖至变软，就这样吃或者压碎做成汤；做一份意式豌豆烩饭；加到芦笋蚕豆沙拉中；加薄荷或香菜后压碎，做成蔬菜泥，用作蘸料；用开水烫一下，和新鲜香草、干小麦或其他谷物一起拌沙拉。

嫩豌豆和甜豌豆

一般认为，嫩豌豆这种食荚豌豆最初于16世纪开始种植，有两种主要类型：平荚豌豆（嫩豌豆或雪豌豆）和厚荚豌豆（甜豌豆）。可食荚豌豆的豆荚脆嫩，里面是一排排未成熟的豌豆，可连荚带豆一起吃掉。豌豆有淡淡的甜味和清脆鲜嫩的口感（甜豌豆比嫩豌豆稍微甜一点点）。烹饪前，检查豆荚的侧棱是否有细筋，如果有，可以撕掉。小而脆的豌豆更好吃。

营养价值

嫩豌豆和甜豌豆是B族维生素、镁、磷、钾、维生素C、维生素K和铁的良好来源。

食用建议

只需略蒸煮1~2分钟即可食用；加入炒菜中；做一个嫩豌豆薄荷汤；在迎春炖蔬菜（译者注：来自意大利，是为了迎接春季到来而炖制的蔬菜）中加入嫩豌豆或甜豌豆；将嫩豌豆或甜豌豆焯一下，和色彩鲜丽的青豆、豌豆和香草一起拌成沙拉；将豆荚切成段，放到炒饭或炒面中。

豆角

绿色的可食用豆角于5000多年前首次被人工种植，如今在世界各地广泛种植。这些被作为蔬菜种植的、可整个吃掉的豆角，有很多名字，包括普通豆角、法国豆角、扁豆和四季豆，可以买到新鲜的、罐装的或冷冻的。豆角主要是绿色的，此外还有白色、黄色、粉色、蓝紫色或紫色的，豆荚里的豆子在颜色和形状上也可能有差异。豆角适合煮熟后吃。法国豆角在夏天收割，口感和质地是豆角中的佼佼者。所有的豆角都应该结实、无锈色。至于干豆，请参见第92～97页。

营养价值

新鲜豆角含有胡萝卜素和B族维生素、维生素C、维生素E，而干豆类含有22%的蛋白质、B族维生素和维生素E。

食用建议

煮至变软，沥干水分，加入芥末、蒜香油醋汁，可直接上桌，也可放凉后上桌；趁热拌上香蒜酱或莎莎酱；和煮软的洋葱、大蒜、番茄和欧芹一起慢炖，直到豆角等软嫩、番茄酱变得浓稠；剁碎后用油、蒜、辣椒快炒；将煮熟的豆角加入到素食尼斯沙拉中。

红花菜豆

红花菜豆原产于中美洲，已被种植了2000多年。15世纪被引入英国，但最初是作为一种装饰性的花园植物而不是蔬菜流行起来的。相比法国豆角，红花菜豆味道更浓，口感更硬实，豆荚较大，又长又平，可食用，表皮纹理粗糙。红花菜豆可以是红色、绿色或白色的，豆荚里的豆子有粉色、紫色或深色花斑的。嫩红花菜豆可以生吃，但大多数都需要煮软后再吃。红花菜豆应该整体硬实、绿色鲜亮，容易掰断。不要切开后再洗，以免营养流失到水中。现在大多数种植品种的豆荚是无筋的，自己种植的红花豆有时仍需要去筋。吃之前应先掐头去尾。

营养价值

红花菜豆是B族维生素、维生素C、维生素E和胡萝卜素的良好来源。

食用建议

煮或蒸至变软；加热至变软，然后趁热拌入调味料，与烤坚果和面包丁一起食用；切丝后加入番茄底料的咖喱或斯里兰卡豆和椰子咖喱；用橄榄油、洋葱、大蒜和番茄炖至变稠变软，然后用来制作土耳其酥皮点心包，或者放在野米上一起食用；用洋葱、芥末、姜黄和醋做一份红花菜豆酸辣酱。

蚕豆

蚕豆原产于欧洲，几千年来一直是欧洲、北非和中东地区重要的蛋白质来源。现在温带地区都有种植，世界上大部分蚕豆都产自中国。蚕豆是我们常吃的豆子中较大的，它大小不等，有白色、绿色、棕色等多种颜色，口感肉头，带有淡淡的草味。当豆荚很嫩，里面的豆子没长大时，整个豆子都可以吃（生吃或熟吃）。但在大多数时候，豆子都被坚硬的豆荚包着，需要去壳后焯水。当豆子长至较大时，豆子表皮变苦，还需要去掉豆子表皮。豆子越老，味道越浓，豆子表皮也越硬。采收后立刻冷冻的蚕豆保留了大部分的天然甜味。

营养价值

蚕豆是胡萝卜素、B族维生素和维生素C的良好来源。

食用建议

用干蚕豆、泡发蚕豆、罐装或煮熟的新鲜蚕豆，搭配洋葱、香草、香料和番茄酱做成埃及炖菜（一种埃及特色菜）；如果想要豆味更浓一些，可以把蚕豆豆荚放入高汤里，用来做意式烩饭和汤，食用前把豆荚取出扔掉；制作蚕豆薄荷小胡瓜汤；加入中东面包沙拉中；去壳后煮熟，压碎，加一点煮豆子的水和一些橄榄油、香草，制作成蔬菜泥或蘸料；加入煮好的意大利面中；和其他绿色豆子一起加入蔬菜手抓饭中；将嫩蚕豆（去壳后）放入面糊中炸熟，蘸酱食用。

海藻

人类食用海藻已经有数千年。可食用的绿色海藻（新鲜的或水发的）富含矿物质和ω-3脂肪酸，肉厚多汁，可以煮熟当菜来吃，也可以脱水做成薄片、粉末或压缩海苔片出售，当配菜或调味品。从海藻中提取的物质被用作增稠剂和稳定剂，替代加明胶产品；从海藻中提炼的海藻油提供了对素食者友好的ω-3脂肪酸来源。海藻的特点是含碘丰富、鲜味十足，为美食佳肴带来一种大海的味道，是日本等亚洲国家美食的重要组成部分，常用于制作汤品、寿司、饭团。

海蓬子

海蓬子有两种常见类型：沼泽海蓬子和岩石海蓬子。沼泽海蓬子生长在海河口和盐沼中，与岩石海蓬子相比，肉质更厚、更多汁。岩石海蓬子生长在悬崖和岩石上，胶质感和味道更浓。

海带（昆布）

海带富含谷氨酸钠，是碘和硒的良好来源。昆布这种褐色的海带生长在日本北部沿海，是日本高汤的重要食材。

裙带菜

裙带菜看起来和海带很像，带有淡淡的甜味。在日本和韩国很受欢迎。经烘烤粉碎后，可用作调味品；也可在水发后添加到沙拉和汤中。

海苔（紫菜）

海苔主要在日本养殖，是食用海藻中分布最为广泛的。它是红藻的一种，市面出售的大多是脱水海苔，通常为薄片状。海苔片可以烤脆，非常容易弄成碎片并加入到美味的菜肴中。海苔也被称为紫菜，长期以来一直是威尔士和爱尔兰饮食的一部分。威尔士“莱佛面包”的传统做法是将海苔煮后压成泥状，涂在面包上烤一下；也可以做成燕麦片卷，煎一下。

红藻

红藻是一种多汁的紫红色海藻，被称为“素牡蛎”，在南半球和北半球均有分布，在爱尔兰最受欢迎。红藻通常是泡软后加入汤、面条、沙拉和各式蔬菜中。

角叉菜（爱尔兰苔）

这种扇形的紫红色海藻主要用于生产卡拉胶，卡拉胶可用作食品和化妆品的稳定剂、胶凝剂和乳化剂。

琼脂

琼脂是一种由红色海藻制成的胶凝剂和增稠剂，在日本和热带地区很受欢迎，可用于制作果冻糖果和甜点，也可添加到汤和酱料中。

营养价值

海藻富含碘、蛋白质、钙、维生素C、维生素K、钾和铁。

食用建议

把海苔碎撒在面条沙拉上；把干海藻加入高汤和浓汤中；将捏碎的、烤好的紫菜加入面糊中，做蔬菜天妇罗或撒在米饭上；做成寿司卷（用海苔片包裹的调味米饭）；在法式洋葱汤或白芸豆泥中加入新鲜的红藻或泡发裙带菜；裙带菜泡发后，用作炸豆腐沙拉的底料；在脆饼或燕麦饼的面团中加入海苔碎；在植物奶布丁中使用琼脂作为定型剂，如意式奶油布丁、乳脂松糕或果味奶冻；在瑞士土豆饼中加入泡发的或新鲜的海藻。

小贴士

烹饪干豆时，在锅里放一小片干海藻，豆子更容易变软，也更易消化。

干豆

干豆在许多菜系中都是主要食材，其价格便宜、用途广泛，大小和颜色各异，是蛋白质、膳食纤维和碳水化合物的重要来源。预煮的豆子可以是罐装的，也可以是冷冻的；干豆通常需要泡发（先浸泡后烹煮），浸泡可缩短烹煮时间且利于消化。在水煮中豆子会吸水，但煮干豆的水量不宜过多，以避免营养物质过度流失。用小火慢煮而不是大火快煮（干芸豆一开始需要大火煮），这样豆子会更软。

鹰嘴豆

鹰嘴豆原产于亚洲西南部和地中海沿岸，7000多年前开始种植，常见的有两种：较小的迪西鹰嘴豆（常见于亚洲国家、墨西哥和埃塞俄比亚）和较大的卡布里鹰嘴豆（常见于中东和地中海沿岸）。

在印度，鹰嘴豆尤为重要，当地人称之为“钱纳”。在那里，鹰嘴豆通常是去皮切碎后做成印度炖豆，或者磨成粉用来制作美味的面包和煎饼。在西方，鹰嘴豆主要是干的（熟的）或罐装的整粒鹰嘴豆。鹰嘴豆带有坚果味，口感顺滑，有黄油质感，煮后形状不软塌。与大多数豆类相比，鹰嘴豆的蛋白质含量较低，但脂肪含量高。鹰嘴豆也可做成芽菜（参见第95页“豆芽”）。

营养价值

鹰嘴豆是铁、磷、叶酸、钙、镁、锌、锰和β-胡萝卜素的良好来源，且富含膳食纤维。黑鹰嘴豆比白鹰嘴豆更有营养。

食用建议

将煮好的鹰嘴豆压成泥，加入孜然、柠檬汁、橄榄油和芝麻酱，做成鹰嘴豆泥；做法拉费炸豆丸（译者注：一种中东食品，用鹰嘴豆泥制成，常与面包一起吃，或做成沙拉三明治）；鹰嘴豆煮熟后加入热的蒸粗麦粉或藜麦、香草、柑橘，搅拌成沙拉；做鹰嘴豆咖喱；烤至酥脆，淋少许油，撒少许卡宴辣椒粉、红辣椒粉（译者注：卡宴辣椒粉口感偏辣，红辣椒粉口感偏甜，颜色较红，可上色）或孜然粉；加入摩洛哥炖蔬菜或塔吉锅炖菜中。

芸豆

芸豆原产于南美洲安第斯山脉，个头儿较大，又称腰豆，得名于其类似肾脏（俗称腰子）的外形。芸豆有白色、红色和黑色等多种颜色。人们常把它们和墨西哥美食——辣酱牛肉搭配在一起。芸豆煮熟后，味道浓郁，质地柔软。生芸豆含有一种叫凝集素的天然毒素，这种物质会干扰消化，阻止肠道吸收营养物质。高温会使凝集素失去活性。将干芸豆浸泡后，放入清水中，大火沸煮20分钟后改小火煮至变软（仅用小火慢煮可能达不到让芸豆去除毒素所需

的温度）。罐装豆子在食用前应沥干并冲洗干净。

营养价值

芸豆是钙、镁、磷、钾、叶酸和蛋白质的良好来源。

食用建议

将煮熟的芸豆放入砂锅菜或沙拉中；将芸豆与谷物煮熟后压成泥，加入香料和香草，做成豆子汉堡；将芸豆煮熟、压碎，加入调味料，搭配墨西哥玉米薄饼、牛油果、墨西哥莎莎酱一起食用；搭配洋葱、长粒大米、椰浆和百里香，做成加勒比海地区的豆米饭。

白芸豆

白芸豆在意大利菜中备受欢迎，诸多乡村豆汤和炖菜中都会用到，比如意大利面豆子汤。白芸豆比普通扁豆更大更厚，味道清淡，有坚果味，口感润滑。煮熟后会膨胀，质地柔和，令人喜爱。白芸豆也被称为意大利白腰豆或法索利亚豆。白芸豆在烹饪前不用浸泡，当然浸泡可缩短烹饪时间。

营养价值

白芸豆是B族维生素、铁、钾、钙、锌等的良好来源。

食用建议

把熟芸豆、大蒜、油加到高汤或酒和香草中炖熟，拌到焯过水的绿色蔬菜中；煮熟后趁热淋上柠檬味调味料并拌匀；做白芸豆韭葱汤；搭配鼠尾草和番茄做炖豆子；用熟芸豆、番茄和巴哈拉特混合香料做一份伊拉克风格的炖菜；将煮熟的豆子压成泥，与烤大蒜和油混合，做成蘸酱；把罐装豆沥干水分后用油炸至酥脆。

鞭毛豆

鞭毛豆的颜色有白色、浅绿色等，有干豆、半干豆、新鲜豆或罐装豆出售。半干（半甜）的豆子不用浸泡，只需长时间烹煮（最少45分钟）。鞭毛豆在接近完全成熟之前采摘，是豆子中的超级美味，柔滑细腻，奶油质感，带点淡淡的青草味。鞭毛豆被广泛用于法式烹饪，尤其是新鲜荚豆，常出现在砂锅菜、焖豆菜和其他慢煮菜肴中。

营养价值

鞭毛豆富含钾、镁、铁、锰、铜和叶酸。

食用建议

搭配番茄、大蒜，加油，小火慢煮；在蔬菜或叶菜沙拉中拌入熟豆；做意大利面豆子汤；将熟豆放入罗勒香蒜酱中。

黄油豆

黄油豆呈白色，个头儿较大，起源于秘鲁，在西班牙饮食和希腊饮食中尤为普遍。黄油豆滋味醇厚、口感粉糯，形状扁平、呈肾状。产自西班牙北部的大朱迪安豆特别细腻润滑。嫩黄油豆较脆嫩，不那么润滑，带有淡淡的栗子味。

营养价值

黄油豆类似于芸豆。富含蛋白质，是钾、钙、磷、镁、铁的良好来源。

食用建议

做一个黄油豆和番茄咖喱；将熟豆压成泥，加油和香草混合，做成口感顺滑的蘸酱；与烤过的根茎类蔬菜搅拌后食用；熟豆子压成泥，搭配甜菜根、干小麦和洋葱，用热油炸成法拉费炸豆丸；加到秋葵汤中；熟豆搭配番茄、大蒜和油一起烤制。

红豆

红豆个头儿较小，颜色呈赤褐色，原产于中国，是中国、韩国和日本烹饪中第二受欢迎的豆子（仅次于黄豆）。红豆味道温和香甜，略带坚果味，质感软糯，烹饪后不易变形。在日本，红豆被誉为“豆中之王”；而在中国，人们充分利用了红豆的天然甜味，煮熟后加糖，做成甜品中的新鲜红豆馅。红豆个头儿很小，烹饪前可不浸泡，也可做成芽菜（参见第95页“豆芽”）。

营养价值

红豆是蛋白质、磷、钾、铜、镁、锌和铁的良好来源。

食用建议

做红豆汉堡；像爆玉米花一样，“爆”红豆花；搭配洋葱、姜、肉桂和其他温性香料做炖红豆；和大米混合后煮熟，搭配腌黄瓜一起吃；加入到素食布朗尼的面糊中。

花斑豆

花斑豆属于扁豆家族，是波洛蒂豆的一种，个头儿稍小，颜色更浅，表皮上有红白相间的斑点。花斑豆味道清淡，有泥土味，奶油质感，烹饪方法与芸豆或波洛蒂豆类似，是北美国家、巴西和墨西哥烹饪中的主要食材。花斑豆是墨西哥炒豆泥的经典原料，把豆子煮熟后压成泥，炒制即可。在西班牙北部，它们被称为弗里约尔菜豆，也是斑点豆的意思。

营养价值

花斑豆是蛋白质、磷、B族维生素和锰的良好来源。

食用建议

与辣椒、番茄、藏红花一起炖，做成西班牙式炖豆或拌进西班牙蔬菜什锦饭里；将花斑豆煮熟后捣碎，加入谷物、香料并拌匀，酿入辣椒后烧烤；在墨西哥玉米薄饼和辣馅玉米卷中加入熟花斑豆。

波洛蒂豆

波洛蒂豆，也叫蔓越莓豆，是意大利的扁豆品种，市售的除了鲜豆外还有干豆和罐装豆。这种胖乎乎的椭圆形豆子生长在修长的粉红色条纹豆荚中，豆子表皮本身也是粉红色带花斑（煮熟后会失去漂亮的花斑图案，变成棕色）。煮熟的波洛蒂豆味道甜美，有坚果味，奶油质地，如果小火慢炖，形状可保持不变。豆子在烹饪前可不浸泡，若浸泡可缩短烹饪时间。

营养价值

波洛蒂豆是蛋白质、镁、磷、钾、铜、叶酸和锰的良好来源。

食用建议

和多种豆一起做成沙拉；做意大利面豆子汤，这种一锅烩，会用到新鲜的或干的波洛蒂豆，煮熟后，加入橄榄油、大蒜、迷迭香、番茄和意大利面；在意大利蔬菜通心粉汤中加入罐装或煮熟的豆子；添加到炖菜或辣椒中；煮至变软，然后与辣椒、番茄一起烤；将豆子加入甜菜根汤中或在煮熟的豆子上撒烤甜菜根。

扁豆

这种小而白胖的豆子煮熟后形状基本保持不变，所以是慢炖食谱的最佳选择，扁豆温和的味道和黄油质感使它们适用于多种烹饪。

豆芽

发豆芽，是一种古老的饮食传统，尤其是在亚洲。豆芽不仅营养价值高，发芽的过程也提高了蛋白质等营养物质的生物利用率，使它们更容易消化。豆芽富含维生素C，有着淡淡的坚果味和新鲜爽脆的口感。大部分完整的大豆和扁豆，从小小的紫花苜蓿种子、红豆到鹰嘴豆、黄豆、蚕豆，都可以用来发豆芽。大部分豆芽都可以生吃，也可以稍微煮熟再吃，芸豆芽、黄豆芽不能生吃，否则会导致呕吐、腹泻。关于发芽激活坚果和种子的技巧，参见第116页。

如何在家发豆芽：

1．将豆子洗净，在冷水中浸泡至少12小时直至膨胀，再次用水冲洗干净。

2．在托盘上铺上干净的薄棉布或厚厨房纸，将豆子平铺在上面，放在阴凉避光的地方静置12小时。

3．放在滤筛上用流动的冷水冲洗。再放回到干净的薄棉布或纸上，放在阴凉、避光的地方静置12小时或直到长出1～2.5厘米的浅绿色嫩芽（鹰嘴豆和黑眼豆可能需要更长的时间才能发芽）。如果嫩芽还没长出来，则每隔12小时重复冲洗和静置过程，直到发芽。

4．吃之前再冲洗一次，吃不完的豆芽密封后放入冰箱，可保存3～5天。

营养价值

扁豆是B族维生素、锰、镁、铁等矿物质的良好来源。

食用建议

把熟扁豆拌入法式蔬菜杂烩中；用扁豆自制波士顿焗豆；用扁豆代替鹰嘴豆加上芝麻酱制作蘸酱；在蔬菜汤、炖菜或咖喱中加入熟扁豆；淋上油后，把熟豆压扁；将洋葱、大蒜加油爆香，加入大米和高汤，煮至大米变软，加入熟扁豆，翻炒均匀。

黑眼豆

黑眼豆原产于非洲，在南美、东南亚和非洲菜中很受欢迎，经常用来搭配米饭。这种象牙色的小型豆子，在豆子和豆荚连接处长着黑色斑点，也叫豇豆和黑眼豌豆。黑眼豆带有坚果味，水果质感、结实耐嚼。

营养价值

黑眼豆富含钙、叶酸和胡萝卜素。

食用建议

黑眼豆浸泡后，加番茄、大蒜和摩洛哥香料炖汤；煮熟后压烂，撒上香草，再炸成尼日利亚黑豆油炸饼；熟豆搭配烫软的菠菜或甜菜一起食用；在新鲜的番茄莎莎酱中加入煮熟的豆子；黑眼豆搭配香料、咖喱叶、蔬菜高汤、椰子一起煮成咖喱菜；做一个无

肉版的德州菜“霍平约翰”：将洋葱和芹菜煸炒后，加入豆子、大米及香草，搅匀后，加热至变软。

黑豆

这种黑色的、表皮发亮的椭圆形豆子原产于墨西哥，是中美洲和南美洲的主食。黑豆也叫龟豆或黑菜豆，是巴西国菜黑豆餐的主要食材，也是古巴饮食中的常见配菜。黑豆质地坚实，有泥土味、油脂味，适合制作浓烈辛辣的菜肴。

营养价值

黑豆富含铁、磷、钙、镁、锰、叶酸、维生素K、铜和锌。

食用建议

加入到素食希腊茄合或砂锅菜中；用孜然和香菜做黑豆汤；加入大蒜或洋葱，放油煸炒，再加入米饭或其他谷物、牛油果，搅拌均匀，可以当沙拉，也可以和腌洋葱搭配着吃，还可以用来做墨西哥玉米卷饼的馅料；可加入制作布朗尼的面糊中。

绿豆

绿豆起源于印度。在热带和亚热带地区都有种植。几千年来绿豆一直被广泛用于印度和中国的烹饪。干绿豆体型圆圆的，呈典型的橄榄绿色，略带甜味，有坚果味和奶油质感。去皮的和碾碎的绿豆是黄色的。

营养价值

绿豆富含钙、镁、铁、磷、钾、锌、烟酸、泛酸和叶酸。绿豆发芽后，营养价值进一步提高。

食用建议

加到素食辣椒中；用去皮并碾碎的绿豆，加上姜黄、孜然、大蒜和辣椒，做成孟恩豆，上面放脆炸的小洋葱；将浸泡过的绿豆与洋葱、姜、蒜、椰浆和高汤一起煮熟；将煮熟的绿豆和烤蔬菜或新鲜叶菜一起搅匀，再配上芝麻酱和烤柠檬调味汁。

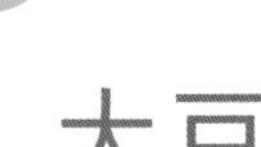

大豆

大豆，至少在公元前3000年就开始在中国种植了，几千年来一直是中国、日本、东南亚等国家和地区的主要食物，西方直到19世纪才略微知晓大豆。现在，大豆是世界上最广泛食用的植物食品。新鲜的、未成熟的大豆味道非常温和清新，与豌豆味道相似。大豆营养丰富，含有所有的必需氨基酸，蛋白质含量大约是其他豆类的两倍（大约35%），这使得大豆在很少或从不吃肉类的地区显得意义非凡。大豆的油脂含量也很高（干豆中大约为20%）。不同的品种，大小不同，颜色也不同，有白色、绿色、红色、棕色、黑色等。最常见的干大豆，粒小，呈浅黄色。

种植的大豆，其中一小部分用作新鲜蔬菜，在尚未成熟时采摘出售，称为毛豆，但大部分在成熟后收获，被加工成各种各样的大豆制品和调味品，包括豆腐、豆豉、酱油、味噌、天贝和豆奶。将大豆转化为各种豆制品的过程使其营养价值得到提升。生的大豆难消化、有异味，不能直接吃。

营养价值

大豆富含蛋白质、钙、铁、磷、β-胡萝卜素、烟酸、ω-3脂肪酸等。

食用建议

用盐搓洗新鲜带壳大豆，煮软后将豆子剥出（只有豆子可以食用）；在煮熟的糙米或黑米中加入煮熟的大豆和其他蔬菜，淋上酱油和芝麻油；将毛豆煮熟后去荚、碾碎，作为素汉堡的食材；大豆煮熟后，压成泥，加入一点味噌做成蘸酱。

大豆制品

味噌：这种咸味发酵豆瓣酱是日本料理不可或缺的一部分。要制作味噌首先需要用蒸过的谷物（通常使用大米，有时也会用大麦或黑麦）来制作酵母菌和霉菌种（种曲），然后将大豆浸泡、蒸制、碾碎，与种曲、谷物、盐、水混合搅拌，大豆就有了可得以发酵的菌种。之后等待混合物发酵成熟。味噌会有不同的颜色，这取决于配料和发酵方法，通常情况下，大米越多，发酵时间越短，味噌的颜色就越淡，味道也越甜。白味噌呈淡黄色，味道比赤味噌或黄味噌更温和，咸度更低。来自传统工艺的高品质味噌有着强烈、复杂和独特的鲜味。味噌可加入高汤里；也可将豆腐或蔬菜用味噌腌一下，用烤箱或烤架烤着吃；还可将味噌加到沙拉酱和各式面条里。

韩国大酱算是韩国风味的味噌，略有颗粒感，味道也稍重。味噌富含矿物质和维生素B_{12}。

酱油：这种咸味调料由大豆发酵制成。发酵早期，酱油是膏体而不是汁液，之后膏体中的液体会不断渗出，变得比膏体更多。按照传统酱油制作方法，大豆蒸熟后与烤熟压碎的小麦一起捣烂（小麦和大豆的比例不同，制作出的酱油风味也不同）。加入发酵剂后，混合物开始发酵。再加入盐和另一种发酵剂，经过8～12个月的持续发酵后成熟。将混合物过滤，提取酱油，进行巴氏杀菌后装瓶，就成为人们在商家购买的瓶装酱油。酱汁颜色越深，陈年时间就越长。酱油可作为春卷、馄饨和素寿司的蘸汁，或者加入到炒菜、酱料和腌料中。

日本白酱油：与传统酱油相比，白酱油使用的小麦比例更高。成品的颜色浅淡、口感鲜美，在日本颇受欢迎。

生抽：这种中国酱油比老抽颜色浅、味道鲜。它是发酵大豆经初次压榨而成的，比老抽更咸。

老抽：另一种中国酱油，比生抽酿造时间更长，质地更醇厚，味道更丰富、更甜。

纳豆：纳豆来自日本，由熟大豆快速发酵约20小时制成。纳豆带着浓烈的霉味，质地黏稠、可拉丝。可搭配米饭、面条、沙拉、汤一起吃，或用于烹饪蔬菜。

天贝：天贝是印度尼西亚的特色食品，用无盐黄豆快速发酵制成，像一块薄饼。它的样子与豆腐相似，但味道更香，带有蘑菇味，煮熟后坚果味更浓。制作方法是将干大豆泡软、去皮、煮沸、沥干、加入发酵剂，让豆类发酵大约24小时（发酵时间越长，味道越浓）。天贝也可以用其他豆类、谷物和种子制成。当地人的饮食主要以大米为主，因此天贝的营养价值至关重要。天贝的食用方法与豆腐类似。

豆腐：首先将干黄豆用水泡发；然后研磨、煮沸、过滤，制成豆浆；接着加入凝固剂，使其凝结成块；将尚温热的豆花挤压出水分，豆腐就制成了。整个制作过程与制作奶酪类似。不同含水量的豆腐可用于替代与之对应的奶制品，用于制作各种菜肴。虽然豆腐淡而无味，但它的优点在于营养丰富，是厨房中的百变食材。豆腐是蛋白质的极佳来源，且富含钾、钙、镁。

嫩豆腐（丝绢豆腐）：嫩豆腐是由未经压制的、没有完全凝结的豆浆做成，口感细腻如奶油冻。中式嫩豆腐更柔软，可以热吃也可以冷吃，用勺子吃而不是切片吃。嫩豆腐非常适合作为乳制品的替代品，用以制作甜品等。在烘烤类菜肴如素食烤宽面条中，可把嫩豆腐用作软奶酪、乳制品的替代品，嫩豆腐还可用于做蘸汁、布丁、冰激凌和奶昔等。

豆腐干：制作豆腐干时，需挤压出更多水分，所以，豆腐干的质地比普通豆腐更硬，口感也更有韧性。可把豆腐干切块或切片，然后油炸；也可把豆腐干切成块，用卤汁腌制后，加入汤和炒菜中；还可不加热，直接用于沙拉中。

烟熏豆腐干：由豆腐干熏制而成。熏制过程中，豆腐的表面会变成棕色，但里面仍然是白色的。可切片或切丁后加入炒青菜中，也可与面条或冷菜一起食用。

冻豆腐：冻豆腐松软耐嚼，煮熟后不会散架。烹饪前需要用水浸泡一下。

豆腐乳：也被称为发酵豆腐，最常见的有两种：红腐乳、白腐乳（红色通常是加了辣椒）。由发酵的硬豆腐制成，并浸泡在盐水或米酒中。豆腐乳细腻、柔软，可涂抹面包、馒头、饼等，还可以添加到炖菜、米粥和炒菜中，少量即可。

豆奶参见第103页。

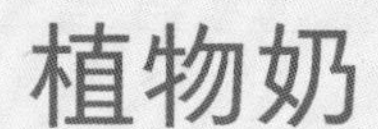

植物奶

植物奶可由熟的或热处理过的坚果、种子、豆类或谷物通过浸泡、研磨，然后加水搅拌制成。与牛奶相比，植物奶中的钙和蛋白质含量更低，所以要注意摄入富含钙、碘和蛋白质的食物，以避免缺乏营养。大多数植物奶还强化了维生素和矿物质，如B族维生素、维生素D和钙。

燕麦奶

由去壳燕麦（经过清洗、去壳和烘烤）和水制成。与豆奶和椰奶相比，燕麦奶含有更多的B族维生素；与扁桃仁奶相比，它含有更多的蛋白质；通常还强化了钙的含量。燕麦奶是对坚果过敏者的理想选择。燕麦奶富含可溶性葡聚糖，与其他植物奶相比，膳食纤维含量更高。

豌豆奶

豌豆奶是一种越来越受欢迎的植物奶，由黄色的大田豌豆（译者注：大田豌豆是豌豆的一个变种）粉制成。豌豆奶富含蛋白质，味道和细腻度与牛奶差不多。

扁桃仁奶

扁桃仁奶是非常受欢迎的植物奶，带有淡淡的坚果味（尽管严格来说扁桃仁属于种子而不是坚果）。扁桃仁奶通常由2%～6%扁桃仁、水、盐（有时加甜味剂）、增稠剂构成，常添加了维生素D和维生素E。扁桃仁含植酸（和豆浆一样），会抑制人体对铁和其他矿物质的吸收，所以，饮用扁桃仁奶与食用富铁食物前后至少应间隔30分钟。扁桃仁奶的脂肪和蛋白质含量都很低，所以许多制造商在产品中额外添加了蛋白质。其他坚果奶还有腰果奶（比扁桃仁奶更有奶油感）、榛子奶和花生奶。

椰奶

由椰子的白色果肉经过研磨、过滤后与水混合制成。与大多数植物奶相比，椰奶中的饱和脂肪酸含量更高，味道更甜。它含有膳食纤维、钾和铁，但几乎不含蛋白质。不要把椰奶和“椰浆”混淆在一起，后者更稠，装在罐头里出售，多用于烹饪和甜点制作。

麻仁奶

由火麻的脱壳种子制成，麻仁奶带有泥土味，与市面上大多数植物奶相比含有更多植物来源的脂肪酸，通常强化了钙和维生素D。对坚果、大豆过敏的人，也可以选择麻仁奶，尽管它的蛋白质含量低于豆奶。

豆奶

豆奶由蒸熟、榨过油的大豆制成，富含蛋白质，但脂肪和碳水化合物含量低。在所有的植物制品中，豆奶的营养价值与牛奶最接近，尽管它所含的钙、碘和B族维生素较低，但这些成分在生产过程中通常都经过了强化。可以买豆奶粉，加入其他饮料中以增加蛋白质摄入量。市售的还有益生菌豆奶和发酵豆奶。购买时，要挑选那些成分表中的成分是完整大豆而不是“分离大豆蛋白”的产品。

米浆

米浆由米粉和水制成，大多数强化了钙和维生素D。谷物奶中的天然糖分略高，因为谷物含有碳水化合物，所以比大多数植物奶更甜（不建议糖尿病患者食用）。米浆是对坚果或大豆过敏的人的一种很好的饮料。推荐用全糙米而不是大米蛋白制作的米浆。谷物奶如藜麦奶和斯佩耳特小麦奶，不太常见。米浆的具体制作方法见161页。

植物奶标签上的添加剂

瓜尔胶

从瓜尔豆中提取，用作增稠剂和黏合剂。

结冷胶

一种人工生产的可溶性膳食纤维，用作增稠剂和稳定剂。

角豆胶

从角豆树的种子中提取，用作增稠剂。

木薯淀粉

用木薯制成的粉，用作增稠剂。

角叉菜胶

一种从红海藻中提取的添加剂，用作增稠剂和乳化剂。

豌豆蛋白

黄色或绿色豌豆的干粉提取物，用来提高植物制品的蛋白质含量。

D-α-生育酚

维生素E。

磷酸钙、碳酸钙

从白垩、富钙植物中提取的矿物质，氨基或不氨基化，用于增加植物制品中的钙含量。

营养酵母

参见第155页。

麦芽糊精

从土豆或玉米中提取的甜味剂。

磷酸氢二钾、酸度调节剂

从磷矿中提取的化合物。

菊苣纤维

（有时被称为菊粉）一种碳水化合物膳食纤维。

向日葵卵磷脂

一种从脱水向日葵中提取的胶质，用作稳定剂和脂肪酸来源。

柠檬酸钾

柠檬酸与氢氧化钾或碳酸氢钾产生化学反应而得，可用于食品中充当稳定剂。

小扁豆

小扁豆营养丰富、经济实惠，被认为是人类种植的最古老的豆科植物。8000多年前这些结荚植物在亚洲西南部被驯化，长期以来都是主要食物，尤其是在印度、地中海国家和地区、中东国家和地区。在印度，小扁豆是素食者的重要蛋白质来源，且富含膳食纤维、铁和磷。市售的整粒小扁豆有煮熟的（罐装的或袋装的）和晾干的，碎扁豆（去壳的或未去壳的）一般是干豆粒。与碎小扁豆相比，整粒小扁豆需要烹饪较长时间。小扁豆也可以发豆芽（参见第95页）。

绿色小扁豆和棕色小扁豆

圆盘状的绿色小扁豆和棕色小扁豆比碎小扁豆大，是许多欧洲菜系的特色，特别是在丰盛的开胃菜和汤中。它们都带有淡淡的坚果味和泥土味，可互相替代。应注意以小火方式烹饪，以保持形状和紧实的质地。大约煮20分钟（老的可能需要更长的时间）。小扁豆不需要浸泡，但浸泡确实有助于使小扁豆中的营养释放出来以便消化（可浸泡8～10小时，或过夜）。

营养价值

小扁豆是钙、镁、磷、钾、锌、叶酸、胡萝卜素的良好来源。

食用建议

做一个南瓜小扁豆汤；在素食汉堡中加入熟小扁豆；煮熟，然后稍稍捣烂，做成蘸酱，撒上埃及杜卡香料；做埃及杂豆饭，一种加了小扁豆、大蒜和洋葱烹制的米饭，配上调味番茄酱；加入到素食牧羊人派（译者注：又称为农舍派，是英国的一种传统料理，用土豆、肉类和蔬菜做的不含面粉的派，被当作主食）中；做一个小扁豆椰子番茄汤；在柠香土豆菠菜或甜菜汤中加入熟扁豆。

普伊扁豆

这些石绿色花斑小扁豆生长在法国奥弗涅地区肥沃的火山土壤中。普伊扁豆比绿色小扁豆、棕色小扁豆小，煮熟后能更好地保持形状，以细腻精致、柔滑浓郁而闻名，带有轻微的辣味（被当地人称为“穷人的鱼子酱”）。普伊扁豆味美，价格也不贵。普伊扁豆通常是煮25～40分钟，用油醋汁调味后单独上菜，或作为沙拉食材。

营养价值

普伊扁豆是钙、镁、磷、钾、锌、胡萝卜素和B族维生素的良好来源。

食用建议

用洋葱、酒和香草炖；把煮熟的小扁豆加入蔬菜千层面或脆皮焗菜（译者注：焗菜表面为干酪或面包屑）；将煮熟的扁豆和烤蔬菜（如甜菜根、洋葱、茄子或红辣椒）、烟熏（或腌制、油炸）的豆腐块混合在一起；与豌豆苗、豆瓣菜或烤熟的西蓝花一起放入蔬菜沙拉中；将热的熟小扁豆混合到芥末醋油汁里；加到热豆子或烤胡萝卜沙拉中；用于制作小扁豆素肉酱或多种豆类混合烟熏红辣椒粉做成食材丰盛的辣椒酱。

红扁豆

红扁豆也被称为埃及扁豆或马粟豆，这种去皮扁豆是印度及周边国家的主要菜肴之一印度炖豆的关键食材。小小的红扁豆可以是浅橙色、深橙色或红色的（在烹饪过程中会褪色），味道清淡，很适合与味道浓烈的香料搭配。煮熟后，红扁豆很快就会软烂，所以最适合做汤、咖喱和用作增稠剂。它们不用浸泡，煮15～20分钟即熟。烹饪前应冲洗干净。黄扁豆尝起来和红扁豆很相似，可以用同样的方法烹饪，都有一种独特的、浅淡的甜味和坚果味。

营养价值

红扁豆是钙、镁、磷、钾、锌、胡萝卜素和B族维生素的良好来源。

食用建议

红扁豆加水或高汤煨炖；做咖喱扁豆汤；加香料，制作印度炖豆，在上面放脆炸洋葱或塔尔卡（用油炸的香料）；将香料和蔬菜（烤南瓜就很好）混合做成考夫特素肉饼或沙米烤素肉饼，然后油炸；用于制作浓汤和炖菜；做成五香红扁豆孜然酱。

坚果

坚果是世界上最古老的食用植物之一。坚果营养丰富，富含脂肪、B族维生素、维生素E和矿物质。有些坚果可吃新鲜的（刚长成的坚果水分含量高），但大多数是吃干的。坚果作为食材，应用广泛，无论甜点还是菜肴都可用到。磨碎的、切碎的坚果经常被添加到菜肴和蛋糕中；完整的坚果常被当作零食吃，也被用来给烤点心和糖果做装饰、添加滋味。坚果还可以制成面粉、油、坚果酱和植物奶（参见102页）。购买坚果时宜少量购买，储存在密封的容器中，存放于阴凉的地方。坚果烤制后，其坚果味会更浓。

花生

花生原产于南美洲。在东南亚和西非，花生是一种富含蛋白质的主要食物，主要用于菜肴，如汤、炖菜和酱汁。在西方，花生更常作为零食或做成花生酱食用。花生也被称为落花生。印度和中国是花生的主要生产国（主要是花生油），其次是美国（整粒花生）。我们可以买到带壳的和去壳的生花生、带皮的和去皮的烤花生仁等。

营养价值

与大多数坚果相比，花生富含蛋白质（20%~30%）、脂肪、膳食纤维、铁、叶酸、烟酸。

食用建议

制作坚果酱（参见第162页）；把无盐花生酱（或碾碎的无盐烤花生仁）加水或椰浆后搅打成沙爹酱，加酱油、酸橙汁、大蒜、米醋和糖调味；在纯素食饼干中加入花生酱；在豆腐和泰式西蓝花里加入烤花生仁；将花生酱和果冻混合后，加入素食布朗尼中；在中东茄泥酱或鹰嘴豆泥里，用花生酱代替芝麻酱；在中国冷面沙拉中拌上烤过的无盐花生仁。

腰果

腰果原产于南美洲，如今在热带地区广泛种植。当腰果（果实）在树上快成熟时，树枝间是一个个梨形的硕大果实，果实不断膨大，成熟后，肾状的腰果落到地上。在种植腰果的国家，腰果可生吃也可煮熟再吃，还可制成坚果酱、加入果汁或葡萄酒。把腰果从壳中取出非常困难，而且腰果壳中还含有刺激物。腰果有黄油质感，味道微甜，与大多数坚果相比，其甜味较为明显。在印度和中国，人们把整粒或磨碎的腰果用于美味佳肴。在其他地方，腰果更常出现在甜食中。

营养价值

腰果富含脂肪（但低于扁桃仁、花生、山核桃和核桃），是人体必需脂肪酸、碳水化合物、B族维生素、钙、铜、镁、铁、锌的良好来源。

食用建议

制作坚果酱（参见第162页）；拌上香料和油，放入烤箱烤熟；将烤腰果拌入炒饭或炒菜中；在制作甜的不需烘烤的素食芝士蛋糕时，在蛋糕底中加入切碎的烤腰果；加入搭配南瓜和椰浆的斯里兰卡咖喱菜或印度拷玛咖喱菜；在糙米手抓饭中加入烤腰果；把生腰果泡在水里过夜，然后作为食材放在加入椰浆的印度果阿（译者注：印度西南一地区）咖喱菜里。

开心果

开心果为引人注目的淡绿色或亮绿色坚果，皮薄，红紫色，来自一种原产于中亚的小型树木，是这种小型树木所结果实的核仁，类似橄榄。开心果一直是中东、地中海菜肴中的特色食材。它们味道与众不同，温和、有奶油质地，出售时果壳或完整或半开（半开的壳更易打开），开心果的绿色越深，就越受推崇。开心果可以直接作为一种零食，也可以用于花样繁多的甜食和菜肴中，如冰激凌、牛轧糖、哈尔瓦酥糖，以及美味的法式砂锅菜和米饭，还可以作为糖果的装饰。

营养价值

开心果中钾和铁的含量极其丰富，还含有钙、镁和叶酸等。

食用建议

做一个鲜绿色的、质地稍粗的开心果酱（参见第162页），然后与糖浆、玫瑰水或橘子水混合，用来做酥皮糕点；用枫糖浆、开心果和芝麻酱做哈尔瓦酥糖；在南瓜番红花手抓饭中撒上或拌入开心果；将切碎的无盐开心果与香料混合，制成埃及杜卡香料，当蘸料或撒在蔬菜沙拉上；做开心果香蒜酱；做加了开心果的佛罗伦萨黑巧薄饼干。

扁桃仁

扁桃仁是世界上深受欢迎的坚果。扁桃仁树自古就在温暖的温带地区种植，是最早的人工种植坚果树之一，深受古罗马人和古希腊人的喜爱。扁桃仁与李子、樱桃、杏子和桃子同属一科，人工栽培的扁桃仁有两种：甜的和苦的。苦扁桃仁是用来加工、制作扁桃仁油、提取物和利口酒的；甜扁桃仁是用来直接吃的。扁桃仁的外壳扁扁的、呈椭圆形，覆盖着棕色果皮，市售扁桃仁有的果皮完整，有的则已经焯水去除。扁桃仁可买到整粒的、切片的、切碎的或磨碎的。它们有着温和、微妙的奶味，被广泛用于中东美食、南欧糕点和西班牙糖果中，同时也是由糖和扁桃仁细粉制成的扁桃仁软糖的主要食材。扁桃仁可以生吃，也可以熟吃，烤着吃的味道更丰富。

营养价值

扁桃仁富含单不饱和脂肪酸，是蛋白质、维生素B_2、维生素E、铁和锌的良好来源。扁桃仁中的维生素E含量仅次于榛子，钙的含量在坚果中最高。

食用建议

在蛋糕糊和油酥面团中加入扁桃仁粉；撒在蔬菜、蒸粗麦粉沙拉上，或者在五香塔吉锅菜中加上烤扁桃仁片；制作扁桃仁榛子酱（参见第162页）；把扁桃仁片烤熟，撒在用油醋汁调味的四季豆或芦笋上；在西班牙扁桃仁冷汤中加入焯过的扁桃仁；在樱桃奶昔中加入扁桃仁酱；将烤扁桃仁加入意大利潘芙蕾硬蛋糕，一种混合了多种托斯卡纳地区的水果和坚果的蛋糕；在面条、沙拉或烤蔬菜中加入甜辣味噌酱时混合扁桃仁酱；和迷迭香一起烤熟当零食吃。

榛子

榛子是有着坚硬棕色外壳的小型坚果，来自浓密的榛子树，已经在欧洲和其他温带地区种植了数千年，有证据表明人们在青铜时代就开始吃榛子了。榛子带有浓郁的黄油味，比大多数坚果的含油量低。又甜又新鲜的榛子（又名大榛子）是秋季特产。它们的壳呈浅绿棕色，果肉呈乳白色，松脆可口。市售的榛子有生的也有烤熟的，有去壳的也有不去壳的或磨碎的。意大利皮埃蒙特地区的榛子被认为品质优良。有一个稍微不同的品种，在美国被称为菲尔贝特榛子。如果想去掉榛子薄如纸的外皮，可以在烤箱里烤几分钟，直到变成浅棕色，然后用布擦去外皮。巧克力坚果的生产商用掉了世界上25%的榛子。

营养价值

榛子富含镁、B族维生素和铜，维生素E的含量也特别丰富。

食用建议

把磨碎的烤榛子仁加入到胡萝卜蛋糕中；在烤制素食蛋白酥前，先将烤熟并切碎的榛子仁翻拌到豆奶油蛋白酥中；用烤榛子仁和可可制作榛子酱（参见第162页）；用捣碎的榛子仁、大蒜、烤面包和油制作加泰罗尼亚风味酱，用于煮菜、炖菜或制作蘸酱；用红辣椒和榛子仁制作红椒罗密斯科坚果酱；烤熟并剁碎，然后撒在意大利面或青豆上；加到即食麦片中。

核桃

在温带地区，有许多野生的大核桃树。数千年来，核桃也因其富含油脂的特性而得到广泛种植。绿色的核桃果实包着果核，果核中的果仁被薄纸般的苦味薄膜从中间分成两半。成熟的核桃略带甜味，隐约有一种令人愉悦的涩味，核桃可以带壳、去壳、切碎或磨碎出售。幼嫩、新鲜的核桃被称为“湿”核桃，在秋末冬初可以吃到。湿核桃的核桃仁，颜色浅白、甜美如乳脂（可加盐或用香料醋腌制）。在北美种植的黑核桃，有非常深的棕色外壳和更加明显的水果香味。核桃既适合做甜点，也适合做菜肴，如蛋糕、饼干、汤和炖菜。

营养价值

核桃仁富含维生素E、叶酸、镁、钾、铁和锌，ω-3脂肪酸的含量也很高。

食用建议

用核桃仁代替松仁做香蒜酱；烤熟后压碎，搭配用植物奶或水浸过的面包、大蒜、橄榄油和柠檬汁做成蘸酱；把烤核桃仁撒在蒸粗麦粉和烤甜菜根沙拉上；把烤好的核桃仁揉进制作面包的面团中；把烤好后切碎的核桃仁拌入焦糖中，撒上黑胡椒，静置，做成甜脆片；用茄子、核桃仁和石榴糖蜜做波斯素炖茄子。

山核桃

山核桃是一种富含油脂的坚果，原产于美国，在欧洲人到来之前是北美洲印第安人的主要食物。山核桃树高大，和核桃来自同一科属。山核桃仁与核桃仁类似，都分成两半，但山核桃仁比核桃仁更甜、更油，而且不像核桃仁那么涩。山核桃壳表面光滑、较薄易碎、两端带尖，包裹着柔嫩的山核桃仁。山核桃可以买到生的、带壳的、盐烤的等几种。山核桃仁主要用于甜点，如饼干和蛋糕，尤其是在美国（它最著名的用途是美国南部的感恩节特色菜——山核桃仁派），山核桃仁的奶油口感和淡淡的甜味也适用于菜肴。

营养价值

山核桃仁富含胡萝卜素、维生素B_1、膳食纤维、铁、钙、铜、镁、钾、磷和脂肪（脂肪含量比其他坚果多）。

食用建议

山核桃仁烤熟，撒在沙拉上；入锅煎，加入等量的水和糖，再加入橙皮碎，直到水分蒸发、山核桃仁被焦糖包裹；将切碎的山核桃仁加入到制作甜味或咸味面包的面团或红枣能量球中；撒在蓝莓或黑莓纯素薄饼上；将烤红薯丁与山核桃仁、枫糖浆一起搅拌；与纯素黄油、糖和燕麦混合，撒在烤油桃或桃子上。

澳洲坚果（夏威夷果）

澳洲坚果来自于一种亚热带常青树，原产于澳大利亚的林地。在19世纪末被引入美洲之前，澳大利亚土著居民吃澳洲坚果的历史已有数千年。它们在美国夏威夷繁荣发展，美国夏威夷成为与澳大利亚和南非并列前茅的澳洲坚果产区。澳洲坚果成串生长，有厚厚的、多肉的绿色外壳。果实完全成熟后会落到地上，壳裂开，露出壳中的坚果，然后被人收走并去壳。果树需要多年才能结果，果壳异常坚硬，这都使得澳洲坚果价格昂贵。果肉呈淡金色，味道甜而细腻，油润醇厚，有黄油口感，大多被当零食。

营养价值

澳洲坚果是B族维生素和矿物质的良好来源。它们含有66%的脂肪，是除山核桃外油脂最为丰富的坚果。

食用建议

在即食麦片中加些无盐澳洲坚果再烘烤；将无盐澳洲坚果切成细粒，加入素食汉堡或连同蘑菇一起加到烤混合坚果中；在脆饼面团中加入无盐澳洲坚果；无盐澳洲坚果加枫糖浆、油和香料，烘烤至黏稠、焦糖化；把澳洲坚果做成甜脆片，当甜点；加水打成浆，过滤后制成坚果奶（参见第161页）。

巴西坚果

巴西坚果个头儿较大，是野生巨树的果实种子，生长在亚马孙河周边的热带雨林中。果实个头儿大，足有椰子大小，成熟后呈褐色，可从树冠高处自然坠落到地面（收巴西坚果充满了危险）。每个果实里有种子8到24颗，紧紧地包裹在木质壳中。市面上可买到带壳的、去壳的、生的、烤的和咸味的巴西坚果，果仁有甘甜的牛奶般的味道，口感兼具奶油感和蜡质感。巴西坚果的油脂含量很高（高达65%），这意味着它们比其他坚果更容易变质，所以应少量购买，打开包装后尽快吃完。

营养价值

巴西坚果富含蛋白质、铁、钙、锌、B族维生素。巴西坚果是天然食物中含硒量最高的，一个坚果中的硒含量可超过每日建议摄入量（RDA）。

食用建议

剁碎后和抱子甘蓝一起炒；烘烤前在蛋糕和饼干上撒些巴西坚果碎粒；用于制作撒在烤蔬菜上的咸味碎屑或甜点上的甜味碎屑；做一款巴西坚果香蒜酱，搭配烤蔬菜或意大利面；在手抓饭或黑豆汉堡馅料中加入烤巴西坚果。

栗子

栗树原产于气候温和的西亚，后来被带到南欧，在南欧繁衍茂盛。栗子个儿大味甜，可磨成栗子粉。栗子口感松软粉糯，有坚果味。深秋初冬时分，新鲜的栗子逐渐上市。栗子壳呈棕色，光滑完整，便于烘烤，烤后略带泥土味的甘甜口感更加突出。在烘烤之前，应在栗子壳上切一个十字形的口或小开口，以防止爆炸。烤好后趁热剥去硬壳和薄纸般的内皮。真空包装的栗子已经煮熟并去皮，食用方便，是新鲜栗子的替代品。市面上还可以买到甘栗泥（用于制作甜点）和糖栗子（用糖浆浸泡过的栗子）等。在意大利，栗子粉被用来给菜肴勾芡，也用于烘焙。

营养价值

栗子是钾的良好来源。与大多数坚果相比，栗子的脂肪和蛋白质含量更低，淀粉含量更高。

食用建议

把新鲜烤栗子撒在意式烩饭上；做栗子南瓜或欧防风汤；用新鲜磨碎的烤栗子制作蛋糕；用栗子和迷迭香制作美味的香料调味碎屑，撒在汤和沙拉表面；熟栗子加少许水打成泥，放到沙拉酱中；炒蘑菇配熟栗子；将熟栗碎与干果、可可和香料混合，用作甜点的馅料。

松子

松子也被称为松仁，个头儿小巧，呈奶油色，在中东和地中海地区菜肴中担当重要角色。在中东，松仁已有上千年的食用历史。松仁还是意大利热那亚罗勒香蒜酱、中东沙司、保加利亚酸奶黄瓜汤的主要食材，经常出现在意大利西西里岛和马耳他的蛋糕等烘焙食物中。松仁质地柔软，稍微烤一烤，淡淡的树脂味变得更为醇厚、甘甜，香气扑鼻。烤的时候应小心，因为油脂含量高，很容易烤焦。

营养价值

松仁是蛋白质、钙、镁、钾、锌和B族维生素的良好来源。

食用建议

与菠菜混合，做成馄饨馅，或者拌烤小胡瓜的意大利面酱；与罗勒或其他新鲜软质香草混合后制成香蒜酱；上餐前，把烤松仁撒在手抓饭上；撒在加了洋葱和番茄的土耳其烤茄子上；将烤松仁撒在烤番茄馅饼上；在松露巧克力中卷一些稍微切碎的或整粒的烤松仁。

椰子

椰子起源于亚洲热带地区，从史前就被作为食物。如今，主要在菲律宾、印度、印度尼西亚、斯里兰卡、墨西哥、马来西亚和巴布亚新几内亚等种植。在这些地方，人们用装在长竹竿上的钩形刀将其从树上砍下来，或者等它们掉在地上。在产地，幼嫩的“青”椰子收割后可以喝里面的椰汁，成熟的椰子收割后既可以喝椰汁又可以吃椰肉。椰子有一层厚厚的纤维状果皮（椰子壳），里面有一粒又大又硬的种子。种子包裹在毛茸茸的外壳里，外壳的一端有三个“眼睛”。密实的白色果肉紧贴在壳内侧。在印度南部（印度南部的喀拉拉邦意为“椰子之地”）和东南亚的许多地区，椰子是日常的食材。新鲜的椰子应该是沉甸甸的，晃动时能听到椰汁晃动的水声，味道应该新鲜清冽，而不能带腐臭味。用金属叉扎两个小眼，将爽口甜美的椰汁全部倒出，然后用锤子或木槌把椰壳打碎（或者把它砸到户外坚硬的墙上或人行道上），就能将椰肉取出。新鲜的椰肉口感耐嚼，带有淡淡的坚果味和牛奶味，适合做甜品和菜肴，有助于减轻辣味菜的辣味。椰肉覆盖着一层薄薄的褐色表皮，可以吃掉，也可以剥掉。果肉可以冷冻、磨碎或切成大块。

营养价值

新鲜椰肉富含膳食纤维、维生素C、维生素E、B族维生素和镁、钾、磷、锌、铁等矿物质。新鲜椰汁是维生素和矿物质的丰富来源。

食用建议

在沙拉或热带水果沙拉中加入椰肉；把椰肉磨碎，用于制作饼干和糕点；用现磨椰子肉、罗望子、芥末子和辣椒做印度南部风味的酸辣酱；将新鲜的椰子肉磨碎，加烤过的香料和水一起打成糊状，加入熟黑豆或青豆，再加少许水，用小火炖成咖喱；把新鲜椰肉烤熟后磨碎，和米饭拌在一起；用椰子和红扁豆制作印度炖豆。

椰子产品

椰奶

椰奶的制作方法是将椰肉磨碎后泡入水中，或者用开水浇淋磨碎的椰肉，然后过滤成汁。椰奶与牛奶相比，蛋白质含量较低、脂肪含量较高。选择品牌时，配料表中应注明至少含有75%椰子成分。

食用建议：在辣味调味汁或莎莎酱中加入椰奶；加入泰国咖喱蔬菜中；将少许椰奶、辣椒和炸蒜拌入焯熟的青菜中；用甜椰奶炖香蕉；在甜菜根或红薯汤中加入椰奶；用椰奶、肉桂或小豆蔻（或半个香草荚）做米饭布丁，上面放百香果或巧克力碎；加入素食意式奶油布丁中和炭烤菠萝一起食用。

椰子奶油

椰子奶油质地稠厚，生产过程与椰奶一样，但水更少。椰子奶油的脂肪含量比椰奶要高，在不加水稀释的情况下可让菜肴更加浓郁醇厚、有奶油口感。罐装的椰子奶油在冷却后会分层，在罐装顶部形成一层厚厚的奶油。椰子奶油不能受热，只能在烹饪即将结束时加入。

食用建议：将冷藏的椰子奶油搅打后作为高脂浓奶油的植物替代物，与水果和豆奶油蛋白酥搭配食用；用于制作植物奶油甜点，添加到浓郁的香料酱汁中。

固体椰子奶油

固体椰子奶油是用椰子肉加工而成的一种蜡状物质，以压缩椰肉块的形式售卖，可以被重新加工成椰奶，也可以用来替代椰蓉。

食用建议：磨碎后加入美味的咖喱酱或胡萝卜小豆蔻哈尔瓦甜点（印度甜点）中；在咖喱（比如鹰嘴豆咖喱）快出锅前加入，让咖喱增稠。

椰蓉

白色椰肉经消毒、制浆、过滤、干燥后，制成了椰蓉。有加糖和无糖两种。膳食纤维含量是扁桃仁的两倍。椰蓉有新鲜的椰子味，可用于制作糖果和烘焙甜品。

食用建议：加到咸味或甜味即食麦片里；用于印度南部的酸辣酱中；制作油炸豆腐时，在外面裹一层无糖椰蓉；用鲜辣椒、小洋葱、酸橙、椰子油和椰蓉做一个斯里兰卡椰子辣椒酱；撒在热椰奶粥上。

椰子片（块）

椰子片（块）比椰蓉更大一些，有加糖和无糖两种。稍微烤制后，坚果味更浓，甜味也更加突出。

食用建议：添加到什锦燕麦粥或即食麦片中；和抹上油的羽衣甘蓝叶一起放在烤箱里烘烤；烘烤后，撒在甜点、用冷冻香蕉和芒果做的冰激凌、各式早餐上。

椰子油

椰子油是通过压榨干椰子肉提取出来的，在印度南部被广泛用作烹调油。它的熔点与黄油相似，饱和脂肪含量很高。在室温下为白色固体，几乎没有味道。

种子

从植物学上来说，种子是新生植物的胚胎和能量来源，富含维生素、矿物质、健康的油脂和蛋白质，因此特别有营养，常被用来给菜肴增添味道和口感。种子可以烤着吃（烤后更香更油润），可以做成糊状和酱，还可以用来发芽。

葵花子

葵花子颜色为浅灰褐色，是向日葵的种子。向日葵源自北美洲，现在已广泛分布在全球温带地区。数千年来，北美印第安人将葵花子作为食物，榨油后，进行烘干或烘烤，然后磨碎，用来制作蛋糕或汤。市面上出售的葵花子有完整带壳的，也有去壳的，葵花子壳为黑白条纹或黑色的。葵花子有一种油润的、微甜的味道，烤熟后味道更香，蛋白质含量也很高。

营养价值

葵花子富含维生素E、B族维生素、矿物质（如铁和钙）和蛋白质。

食用建议

和其他种子一起掺入制作面包的面团中；烤熟后，撒在蔬菜手抓饭上；洒点酱油后烤熟，用作亚洲沙拉的装饰配菜；加入坚果即食麦片中；洒在炒菜或烤南瓜上；用燕麦、葵花子、坚果和面包屑做成咸味碎屑；在煎锅中加入少许糖，放入葵花子，翻炒至裹上焦糖，盛出，撒在布丁上。

南瓜子

南瓜子呈深绿色，把南瓜子椭圆形的浅色外壳（外皮）去掉就得到可食用的南瓜子仁。南瓜子仁呈泪滴状，耐咀嚼，带有淡淡的坚果味，可以生吃也可以熟吃，可用作菜肴配料和零食。南瓜子在南美洲被称为瓜子，烤熟和磨碎后，用作墨西哥玉米薄饼、墨西哥玉米卷饼或墨西哥辣馅玉米卷调味汁的增稠剂。它们富含有益健康的油脂，与其他植物种子相比含有更多的铁，比花生相比含有更多的蛋白质。想要坚果味更香，可在食用前烘烤一下。当新鲜南瓜上市时，可把种子留出来，烤一下或炒一下再吃。

营养价值

南瓜子富含蛋白质、铁、锌、钾、维生素E、B族维生素和磷。

食用建议

把南瓜子加到制作面包的面团中；把烤好的南瓜子撒在南瓜鼠尾草烩饭上；做南瓜子香蒜酱（制作方法同第162页“坚果酱”）；烤熟，加入枫糖浆，冷却后切碎，撒在甜点上；用烤南瓜子、可可和榛子仁一起制作能量球；烤熟后，撒在搭配了球茎茴香、藜麦和橘子的沙拉上。

亚麻籽

亚麻籽来自亚麻。亚麻原产于印度，在温带和热带地区得到种植，其纤维可用于制造亚麻布，光滑的种子可用于榨油，也可以吃。亚麻籽富含健康的ω-3脂肪酸和膳食纤维，有温和的坚果味。

亚麻籽通常是红褐色的，有的品种是深黄色的。亚麻籽有整颗出售的，也有碾碎、磨碎后出售的，但最好磨碎后食用，更利于营养吸收，且最好是生吃，而不是熟吃。作为一种膳食补充剂，亚麻籽油是一种很好的鱼油替代品（避免加热，否则会破坏一些有益的营养成分）。亚麻籽也可以制作芽菜（参见第95页）。

营养价值

亚麻籽是膳食纤维、镁、ω-3脂肪酸和锌的良好来源。

食用建议

在面团中加入亚麻籽或做德国亚麻籽面包；将亚麻籽粉撒在沙拉上；做亚麻籽饼干；将亚麻籽浸泡在水中过夜，然后加到奶昔、粥或麦片中；把亚麻籽粉和面包屑混在一起，可用作炸豆腐或其他蔬菜的脆皮。

芝麻

芝麻是最古老的油料作物之一。芝麻原产于印度，几千年来逐渐穿过南亚和安纳托利亚，在公元前2世纪到达中国，中国是现在世界上最大的芝麻消费国。芝麻有多种颜色，但黑色和白色最为常见。

白色芝麻的味道比黑色的淡，但都很美味，可给菜肴增加丰富的口感和坚果味。在中国，黑芝麻、白芝麻都很常见（黑芝麻常被磨成酱用于制作糖果和点心）；在印度，白芝麻是首选，作为调料或甜食原料；在日本，会将去皮芝麻加盐一起磨碎，制成一种名为芝麻盐的调料，撒在米饭或面条上；在中东，通常是烤熟了吃或生吃，或做成芝麻酱。烘烤会让芝麻的坚果味四溢。

营养价值

芝麻是蛋白质、钙、烟酸的良好来源。25克芝麻就可提供接近每日推荐量（RDA）一半的铁。

其他种子

奇亚子：原产于墨西哥和危地马拉，自玛雅时代起就得到这些地区居民的赏识与认可。奇亚子有灰色花斑纹，带有独特的松脆口感和清雅的味道，富含健康油脂，且是维生素E和矿物质的上好来源。奇亚子有完整出售的也有碾碎后出售的。可将其浸泡至膨胀，然后加入到奶昔、粥、即食麦片或面包中。奇亚子在浸泡后会形成凝胶，所以是素食布丁中一个不错的鸡蛋替代品。

如何激活坚果、谷物和种子

激活是让各种种子发芽（参见第95页）的第一步。激活过程能促进种子发芽，将蛋白质转化为易于消化的氨基酸。与发芽相比，激活是一种可更快地提高食物消化利用率的方法，并能使各类种子吸饱水分。

- 将种子洗净，放在碗里，用盐水覆盖（两杯种子用两茶匙盐）。
- 用干净的布盖上，在室温下浸泡7～12小时，冲洗后食用。浸泡时间取决于所浸泡食材的大小。
- 在这个阶段，适合制作植物奶（参见第102页）。

浸泡后的坚果需要在烤箱中用较低的温度脱水，直至变干，其他种子不需要这样做。有些坚果和种子很容易被激活，如带壳的南瓜子、葵花子和扁桃仁（使用生的坚果和种子，而不是烤熟的）。

食用建议

加海盐一起磨碎，做成咸味菜肴的调味品；将烤芝麻撒在炸苹果或油炸香蕉饼上；在柑橘蛋糕糊中加入黑芝麻；将芝麻撒在烤无花果上；加入英式酥皮水果派的馅料中；在拍黄瓜中撒上白芝麻，淋上芝麻油；将芝麻撒在苹果和根芹沙拉上，或者和辣椒调味料一起撒在凉面和蔬菜沙拉上；撒在味噌烤茄子或中东茄泥上；将芝麻酱、味噌、柠檬汁、芝麻油和芝麻混合制成调味汁，淋在蒸西蓝花上；用于制作埃及芝麻杜卡香料，撒在烤南瓜或甘薯上；将芝麻加入到越南素春卷的蘸酱中；将烤芝麻撒在亚洲风格的芒果豆瓣菜香草沙拉上；在烘烤或油炸法拉费炸豆丸之前，加些生芝麻；用枫糖和白芝麻做成芝麻甜脆片。

芝麻酱

芝麻酱营养丰富、口感油润。在各式各样的中东菜系中，几乎都离不开它，在那里，通常是用冷水和柠檬汁（有时是大蒜）稀释搅匀，然后淋在咸味菜上，或搭配蛋黄酱一起作为蘸料，还可配鹰嘴豆做成鹰嘴豆泥。芝麻酱也是甜脆哈尔瓦酥糖的关键成分。

芝麻酱富含蛋白质，分为浅色和深色两种：浅色的在口感和质地上要比深色的、坚果味浓郁的芝麻酱更好。中国和日本的很多菜里也会放芝麻酱。

稻米

水稻原产于亚洲，在10世纪由阿拉伯人引入欧洲，哥伦布发现美洲大陆后，到达美洲。每一块大陆上都种植着各种稻米，世界上至少一半人口将富含淀粉的稻米作为主食。稻米主要分两种：长粒大米和短粒大米，市售大米大多数都是精制的，即经过研磨，去除麸皮和大部分胚芽，并且进行“抛光”。还有预煮的和快煮的。稻米也可加工成米粉、米浆、米线，或发酵后制成醋、酒和清酒。

长粒大米

长粒大米形状纤细，有宜人的淡淡甜味，用途十分广泛。长粒大米的质地比印度香米更硬。去除富含膳食纤维的麸皮和胚芽层后精制为珍珠米或精白米。尽管许多生产者会通过营养强化来改善其营养构成，精制过程会去除大部分营养成分。长粒大米使用前应洗净。烹煮得当的话，可保持粒粒分明。长粒大米比较流行于中国、印度和北美国家。

营养价值

长粒大米是碳水化合物、蛋白质的来源（大多数白米在加工过程中强化了铁和B族维生素等）。

食用建议

在米饭中加去皮熟蚕豆和莳萝碎；煮米饭时加入藜麦或其他谷物，以丰富其营养成分；用米饭、洋葱、大蒜、胡萝卜、绿色蔬菜碎、酱油、酸橙汁和辣椒酱做一份素炒饭；用长粒大米、香料、红辣椒、番茄和洋葱做一道纯素克里奥尔经典什锦饭；做加勒比豆米饭。

糙米

糙米是全谷物，含有谷糠、胚芽和胚乳，比精白米更有营养。与以大米为主要食材的日本和中国等国家相比，糙米在西方使用更为广泛。糙米煮熟后富有嚼劲、香气浓郁，尽管煮软它要花的时间是煮精白米的2～3倍。糙米有长粒、中粒、短粒和香米等几种。煮饭前应先洗净、浸泡，以洗去米中的灰尘并缩短煮饭时间。

营养价值

糙米是碳水化合物、蛋白质、膳食纤维、钙和B族维生素的良好来源。

食用建议

在韩式石锅拌饭中加入煮熟的糙米，配以泡菜（或炒菜）、豆腐和韩国香料；熟糙米搭配蔬菜和姜一起炒；用扁桃仁奶和泡好的糙米制作米布丁（印度五香米布丁）；做成糙米汉堡；用有机糙米制作欧洽塔，一种营养丰富的冷饮，由浸泡过的大米与扁桃仁奶、香草、肉桂和枫糖浆混合搅打而成。

印度香米

印度香米谷粒细长、香味浓郁，有白色、棕色两种，种植在喜马拉雅山脉山麓等地区，常见于南亚和中东的多种菜肴中。印度香米带有淡雅的坚果味和水果味，煮熟后仍然粒粒分明（但煮过头了会黏稠）。

在大多数情况下，印度香米被打磨成珍珠米或精制香米，去除了富含膳食纤维的麸皮和胚芽。优质品种通常会经过陈放以改善口感。煮饭前需浸泡30分钟左右，可以缩短烹饪时间，保留更多香味。

营养价值

印度香米是碳水化合物、蛋白质的来源（大多数在加工过程中强化了铁和B族维生素等）。

食用建议

用藏红花水煮米饭，并撒上烤松仁；做一个素印度蔬菜焖饭，撒上埃及黑种草籽；做一个蚕豆或鹰嘴豆和柠檬手抓饭；做印度豆饭，是一种用黄扁豆或红扁豆加上肉桂和姜黄做成的豆米饭；米饭加春季蔬菜和姜一起炒，用酱油和营养酵母调味；在墨西哥黑豆中加入米饭，搭配番茄和红辣椒，用作墨西哥玉米卷饼的馅料。

意大利烩饭大米

意大利烩饭大米是一种颗粒饱满的中长粒大米，是专为制作口感润滑的意大利烩饭而种植的。在诸多种类的意大利烩饭大米中，阿波理欧大米和卡尔纳罗利大米是最为常见的。和印度香米、长粒大米一样，意大利烩饭大米也被制成珍珠米或精制大米。

在烹煮时，需要一点点加入热汤（通常是一种浅色高汤，在意大利被称为“布罗多汤”），不断搅拌，与米粒外层的淀粉不断融合，使烩饭变得越来越浓稠，润滑细腻、奶油感十足。米粒煮软了但米心还有些半透明，不硬但还有嚼劲，就算煮熟了。

在加热汤（第一次通常加酒）之前，加油将大米烤一烤，加洋葱或小洋葱略炒一下，可以防止米饭变成烂糊。卡尔纳罗利大米比其他种类烩饭用米的质感稍硬一点，所以不太容易煮过头。大米在使用前不用清洗。烩饭用大米也可以用来做米饭布丁。

营养价值

意大利烩饭大米是碳水化合物、蛋白质的来源（大多数白米在加工过程中强化了铁和B族维生素等）。

食用建议

用来做青豌豆米汤（一种用煮嫩豌豆做成的威尼斯米饭汤）；做一份蚕豆烩饭（如果蚕豆有豆荚的话，可把豆荚放到高汤中）；做蘑菇烩饭（把泡干蘑菇和鲜蘑菇的水加到高汤中）；把小胡瓜花填满烩饭，然后用油炒；在普通的烩饭之中拌入一些莴苣条。

西班牙海鲜饭大米

西班牙海鲜饭大米是短粒到中粒大米，也已精加工成珍珠米或精白米，产于西班牙，用于制作瓦伦西亚的传统菜肴西班牙海鲜饭。带有“DO”（原产地名称）认证的海鲜饭大米都是优质谷物。

邦巴大米使用最为广泛。煮之前不用淘洗，因为淀粉含量对这道菜的口感至关重要。传统上，制作海鲜饭要摇晃而不是翻炒，这样锅底的米饭会形成备受欢迎的美味锅巴。

营养价值

西班牙海鲜饭大米是碳水化合物、蛋白质的来源（大多数白米在加工过程中强化了铁和B族维生素等）。

食用建议

与青豆、红辣椒、番茄、橄榄油和藏红花一起做成蔬菜什锦饭；在西班牙青豆什锦饭中加入熏豆腐或炸蘑菇；与蚕豆和豌豆一起做什锦饭；用海鲜饭大米代替布丁大米制作甜味的大米布丁，用扁桃仁奶煮大米，然后在上面撒上扁桃仁碎，淋一点枫糖浆或放一点白糖。

寿司米

用于制作寿司和其他日本菜肴的日本短粒米都被称为“寿司米”，这种大米的特点是，煮熟后具有黏性，易抱团，便于用筷子夹起。

市售寿司米有两种，棕色外皮的糙米和白色去皮精制米。在日本，如果没有一碗米饭，一餐饭是不够完整的。洗米的方法是，将米放在锅中，装满水，用手搓洗几分钟，然后沥干水分，重复此过程，直到水变清。

将米煮软，沥干水分，盖上盖子蒸熟，然后翻动米饭直至蓬松（糙米不像白色那么黏，需要更长的时间才能蒸熟）。

营养价值

寿司米是碳水化合物、蛋白质的来源（大多数白米在加工过程中强化了铁和B族维生素等）。

食用建议

用寿司米饭和海苔片做蔬菜寿司卷，馅料是牛油果和腌姜或胡萝卜碎；用椰奶和寿司米做大米布丁；白寿司米饭搭配味噌汤和蒸蔬菜；在寿司糙米饭上淋些米醋汁，然后搭配黄豆、牛油果、紫菜、腌姜、萝卜和黄瓜条等放入碗中食用；在炒菜中放些寿司糙米饭；寿司米饭搭配炸豆腐干和炸香菇一起吃。

野米

野米是生长在浅水沼泽中的野草种子，不是谷物。它是唯一一种来自北美的粮食，已经成为人类的重要食材，而且，与它的名字相反，野米主要来自商业种植。野米是一种全谷物，味道复杂，带有坚果味和茶味，熟后质地硬而有嚼劲。野米颜色较深、有光泽，烹煮时比大多数谷物需要的时间更长，煮时会裂开。

营养价值

野米富含蛋白质、B族维生素和膳食纤维。

食用建议

趁热将野米与其他熟谷物一起加入沙拉中，这样能吸进更多的汤汁调料；和熟藜麦、烤芦笋和炒蘑菇搭配一起吃；把煮熟的野米与熟芒果、香菜、柑橘酱混合，包在生菜中一起吃；与中东腌柠檬、开心果一起做成野米手抓饭。

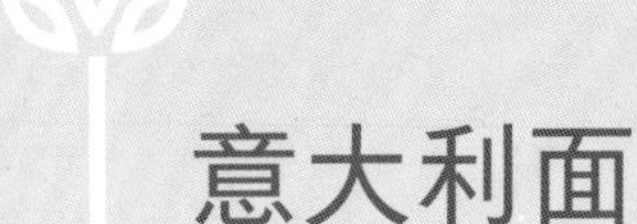

意大利面

意大利面是世界上最受欢迎的、简单又令人饱足的食物之一。“Pasta（意大利面）”这个词在意大利语里是“面团”或“生面团”的意思，最基本的面团是由面粉和水做成的。

意大利面有很多种分类方式，按原料组成通常分为两大类：面粉加水的意大利面、面粉加鸡蛋的更香浓的意大利面。面粉加水的意大利面通常使用杜兰小麦粗麦粉（译者注：一种常见的硬质小麦），由机器加工成形后晒干；鸡蛋意大利面通常使用软质面粉，可以是新鲜的、手工制作的，也可以是工厂用机器制作的。

小贴士

检查包装，以确保所购买的意大利面没有鸡蛋。含鸡蛋的意式干面，包装上会带有“all’uovo’”字样。

在工厂里，面团通过穿孔模具挤压成各种形状，然后晾干，制成各式意面。优质工厂生产意大利面用的是传统的青铜模具而不是特氟龙模具，这使意大利面表面略粗糙，酱料更容易裹在这些意大利面上。

在意大利，意大利面是一种主食，如今世界各地很多人都会制作和食用意大利面。委内瑞拉是世界第二大面条消费国，仅次于意大利；在中国，面粉加水和成的面团被用来做各式面条；在中东各国、希腊、西班牙和墨西哥，粉丝会出现在甜食和菜肴中。最著名的意大利面——意大利细面占世界意面消费量的一半以上。

意大利面有鲜面、干面、全麦面、普通面，还有调味面和彩色面（通常是用菠菜、甜菜根汁、番茄酱等为颜料）等。不含小麦的意面，可能是由大米、藜麦、黑豆、毛豆或板栗粉制成。

酱汁、香蒜酱和烘焙食品

意大利面本身味道较淡，使其便于进行各种调味。以下的意大利面搭配建议并非要求大家照做，每个人可以自由搭配自己喜欢的意大利面和酱料。

鹰嘴豆酱：先煸炒洋葱和大蒜，加一些迷迭香碎，倒入煮熟的鹰嘴豆（罐头亦可）和少量蔬菜高汤，炖至软烂。一半压成酱汁，一半保持豆子原样。可搭配贝壳面、蝴蝶面或细米线一起食用。

素肉丸和番茄酱：将蘑菇和大蒜切碎，加油煸炒，然后加入切碎的百里香、煮熟的青豆或普伊扁豆、日晒番茄酱，搅打均匀，然后滚成一个个小球，也可以加入面包屑帮助成团，炒至褐色。用洋葱、橄榄油和罐装番茄做一个简单的番茄酱，然后加入素肉丸。可搭配意大利式干面、宽面或米粒面食用。

核桃酱：把大蒜、核桃仁和欧芹捣碎，加入一些用植物奶泡过的面包屑，再一点点地加入橄榄油，搅拌均匀。可搭配意大利式长面或扁平面食用，把酱汁裹在意大利面上即可。

千层面：做一个素法式白酱和鲜扁豆酱，分层加入快熟或半熟的千层面后烤制，或者用茄子片、辣味番茄酱和素干酪来烤。

抱子甘蓝、鼠尾草和松仁酱：将抱子甘蓝和大蒜切碎后煸炒，加入松仁和柠檬皮碎，炒至松仁熟，与意大利式干面或细面一起食用。

其他谷物

小麦和玉米是常见谷物，此外还有多种谷物，它们有着各种各样的口味、营养价值和风味，还有一些伪谷物，如苋菜籽，它们的食用方法与谷物类似，所以也归到谷物中。这些谷物是碳水化合物的重要来源，可以买到磨碎的和精制的，其中保持全谷物形态的最有营养。大多数谷物，除非买的是烤好的，否则建议在煮之前先放在锅里干烤一下，风味会更浓。

玉米粉

碾碎、磨碎的玉米，有多种形式可供选择：粗粉、中粉、细粉，颜色从白色、金色到蓝色不一而足。在意大利，玉米粉煮熟后被称作波伦塔，在美国称为“粗玉米粉”。玉米粉可做成多种形式的食物，如美国玉米面包、意大利北部波伦塔玉米糊、牙买加油炸饺子、意大利蛋糕、罗马尼亚粥等。它有一种温和的、淡淡的甜味，口感柔软，非常适合加入重口味的调味品，做成细腻润滑、奶油质地的食物。玉米粉也可用于烘焙。

煮波伦塔玉米糊时，所加盐水（或植物奶和水的混合物）的量是黄（或白）粗玉米粉的5倍。将水烧开，关火，倒入玉米粉，搅拌均匀。再开小火，不断搅拌，按照包装上的说明煮到熟（需要5～45分钟）。

营养价值

玉米粉是碳水化合物、膳食纤维、锌、铁、烟酸和蛋白质的良好来源。

食用建议

待波伦塔玉米糊冷却结块后，切片，然后烧烤或炒制；用橄榄油、玉米粉和迷迭香做成蛋糕或用玉米粉、橙子和扁桃仁做成蛋糕；在玉米粉中加入素高汤、香草和香料，入烤箱烤熟；把玉米糊块煎一下，搭配自制的波士顿焗豆一起吃；煎茄子或小胡瓜条时，用玉米粉挂糊；用粗玉米粉做玉米面包；熬玉米粥，上面盖上炒蘑菇。

爆米花

爆米花是一种备受欢迎的零食，只有一小部分有着坚硬的外壳和胚乳的玉米品种适合用来制作爆米花。据记录，美洲的阿兹特克人、印加人等5000多年前就开始吃爆米花了。

将玉米粒放入有盖的平底锅里加热（加油或不加油），玉米粒会膨胀，爆裂翻开，并发出爆裂声，淀粉的部分会翻到米粒外侧。爆米花冷却后会稍微变硬，成为轻盈但咯吱响的零食。爆米花可加盐或糖，也有人喜欢二者都加。

营养价值

爆米花是碳水化合物、膳食纤维、蛋白质和锰的良好来源。

食用建议

制作爆米花，需要一个大的、厚底的、有盖的平底锅。锅中放少许油和少量干玉米粒进行烘烤（锅盖不能盖严，要给蒸汽留一个出口），大火，不断摇晃，直到玉米粒都爆开。当“爆开”间隔不过2～3秒时，爆米花就已爆好了；给爆米花裹上化开的巧克力，撒上可可粉和冰糖粉；加入化开的植物黄油、肉桂和枫糖浆，混合均匀；撒上营养酵母、糖粉和辣椒粉或香草盐粉，搅拌均匀。

小麦

小麦原产于亚洲西南部，是产量最大和最重要的粮食作物。碎麦是将生杜兰硬小麦（去壳的全小麦）碾碎或轻微破碎后而成，保留了小麦的所有营养成分，可以作为大米和其他谷物的替代品，也可以用来制作面包。碎麦煮熟后，有一点点黏稠感，带有坚果味和可口的松脆感。青麦仁是一种在中东地区很受欢迎的谷物，将尚未成熟的（绿色）小麦，先带壳烘烤，后去壳，整粒出售或碾碎出售（碾碎的绿麦仁熟得更快）。青麦仁带有烟熏味和坚果味，烹饪方法和大米、大麦一样。

营养价值

小麦是碳水化合物、B族维生素、维生素E、膳食纤维和蛋白质的良好来源。

食用建议

把熟的碎麦和烤蔬菜拌在香草沙拉里吃；在炖蔬菜里加些青麦仁碎；制作烤面包时，在面团里加入碎麦和种子；用碎麦或青麦仁做手抓饭；把碎麦加到浓郁的素食辣椒菜肴里。

干小麦

干小麦是碾碎的半熟杜兰硬小麦粒，是制作中东特色塔博勒沙拉的重要原料，也是中东和北非菜系的特色食材。当地人食用干小麦已经有几百年的历史：将全麦粒煮至半熟，烘干，再润湿，让外层麸皮变硬，再碾磨去掉麸皮和胚芽，磨成粗粒或细粒的干小麦。干小麦富含膳食纤维，营养丰富，煮后不易变形，且烹饪时间短，通常只需在刚煮沸的水或高汤中浸泡15～30分钟，就会变得轻盈、蓬松、富有坚果味。

营养价值

干小麦是碳水化合物、锰、镁、蛋白质和铁的良好来源。

食用建议

用熟干小麦、切碎的软香草、番茄和黄瓜，拌上橄榄油和柠檬汁调料，做一个塔博勒式沙拉；做成干小麦手抓饭，撒上浆果干和开心果碎；把粗粒干小麦加入高汤中，加入多香果和煸炒过的小洋葱，撒些漆树果；用烤南瓜、煮干小麦和鹰嘴豆做成素基贝（译者注：中东的一道菜，传统上由面团状的外壳和带香料的肉馅组成）。

小贴士

粗粒干小麦的烹饪方法类似大米和蒸粗麦粉的烹饪方式，细粒干小麦通常用来做法拉费炸豆丸。

粗麦粉

粗麦粉是由杜兰硬小麦或其他硬质小麦的胚乳部分碾磨而成，外观上与玉米粉相似，有粗有细，带有粗颗粒感。在南亚、斯堪的纳维亚半岛和中东的布丁、意大利面、酿奇，以及面包、蛋糕中都有它的身影。粗麦粉的蛋白质和面筋含量比软质面粉略高。在意大利南部，粗麦粉常单独使用，或与较细的小麦粉混合后加水搅拌，用于制作面食（在意大利北部，鸡蛋意大利面更为常见）。粗面粉的颜色大多为琥珀色，也有白色的。

营养价值

粗麦粉是碳水化合物、膳食纤维和维生素E的良好来源。

食用建议

烘焙半熟土豆之前，加入调过味的粗粒小麦粉，可让成品更有嚼劲；锅中加入植物奶，将粗麦粉撒入并搅拌，小火煮约5分钟，然后加糖、滴一点扁桃仁萃取物调味做成柔润的布丁；将等量白面粉和粗粒小麦粉混合后揉成面团或比萨饼坯；加植物奶一起煮，做成波伦塔玉米糊类奶油质感的配菜；做成意大利面。

蒸粗麦粉

蒸粗麦粉经常被误认为是单独的一种谷物，事实上，它是由杜兰硬质粗麦面加工而成：先揉成面团，再搓成米粒。它来自北非，是当地的主食，常搭配炖菜、塔吉锅菜和沙拉一起食用。传统上，它的烹饪过程很长，需要在薄棉布蒸笼或蒸粗麦粉专用蒸笼中反复蒸熟。如今市面上出售的大多数蒸粗麦粉已经过预煮，只需要在热水或高汤中稍微加热，就可吸水膨胀，供人食用，方便又快捷。

蒸粗麦粉的米粒大小不等，有巨粗粉（也被称为“珍珠”蒸粗麦粉）也有细粒粉，全麦蒸粗麦粉特别有营养。意大利粉是意大利撒丁岛的特色菜，是一种串珠状的意大利面，其传统制作方法与蒸粗麦粉相同。巴勒斯坦蒸粗麦粉来自巴勒斯坦，与蒸粗麦粉风格类似，由日晒干小麦做成，可以像大米一样煮熟。

营养价值

蒸粗麦粉是碳水化合物、膳食纤维和维生素E的良好来源。

食用建议

将蒸粗麦粉搭配葡萄干、松仁和腌柠檬碎一起吃；给热的蒸粗麦粉撒上石榴子，搭配五香炖蔬菜吃；做成意大利粉，加入到烤番茄和罗勒沙拉中；将蒸粗麦粉和鹰嘴豆拌在一起，加入柑橘酱、烤扁桃仁和焦糖洋葱；在意大利粉或巴勒斯坦蒸粗麦粉中加入绿豆或蚕豆，搭配烤蔬菜一起吃。

小贴士

把蒸粗麦粉放在干锅里烤一烤，然后再加水，加热，咀嚼时的口感更劲道。

燕麦

燕麦原产地大约为亚洲西南部，数千年来，对欧洲北部的人和动物来说，燕麦都是一种至关重要的高纤维主食。大多数燕麦种植在北半球气候凉爽的地区。燕麦经过烘烤和加工，制成不同颗粒大小的产品，有燕麦米、去壳燕麦米、细燕麦粉和燕麦麸（是燕麦粒的外皮）等。燕麦主要用于慢炖菜肴、烘焙和煮粥。煮燕麦有甜味和奶油质感，与大多数谷物相比，燕麦的蛋白质含量更高。

营养价值

燕麦富含碳水化合物、B族维生素、维生素E、钙、锌、铁、镁、磷、钾、膳食纤维和蛋白质。

食用建议

把速食燕麦片加到奶昔中；做五谷面包时，在面团中加入速食燕麦片；在速食麦片或什锦坚果碎屑中加入速食燕麦片或生燕麦片；将速食燕麦片和亚麻籽烘烤后加入植物奶、温性香料和糖浆，小火熬成粥；混合使用细粒和粗粒燕麦粉，做成燕麦饼干或薄脆饼干等零食；将燕麦添加到素食薄煎饼中；将速食燕麦片或生燕麦片制作成什锦麦片早餐（可加植物奶和水），搭配水果一起食用；用粗燕麦粉或燕麦粒代替大麦加入炖蔬菜中；在油炸蔬菜前使用的面包屑中掺入中细燕麦粉。

大麦

大麦原产于亚洲西南部肥沃的草原，是目前已知的最古老的种植谷物之一。大麦尤其是大麦粉，现在也被列为可食用谷物。在全球，大部分大麦被用于酿造、蒸馏或者制作味噌（参见第99页）。然而，作为一种配料，大麦值得获得更多关注，因为它带有甜味，富含膳食纤维，咀嚼时的口感让人喜爱。全大麦、去壳大麦煮熟后质地紧实，颜色呈褐色。珍珠大麦去掉了外壳和麸皮，口感相对柔软，属于精制大麦。珍珠大麦比去壳大麦熟得快，味道微甜，口感有嚼劲，但营养价值较低；半珍珠大麦保留了一部分麸皮，介于两者之间，比较理想。

营养价值

大麦是碳水化合物、B族维生素、维生素E、钙、铜、碘、铁、镁、硒、钾和膳食纤维的良好来源。

食用建议

用珍珠大麦代替意式烩饭专用大米来做意式蘑菇烩饭；用小米和大麦做手抓饭；煮成大麦茶这种传统的养生饮料：将珍珠大麦加水煮1小时，然后将水滤出，加枫糖浆、柠檬汁或橙汁调味，静置冷却后冷藏即可；珍珠大麦加清水或植物奶后用小火煮，然后加入葡萄干、苹果或糖渍水果调味后食用；在蘑菇或根芹汤中加入熟的去壳大麦或珍珠大麦；在炖蔬菜中加入熟的去壳大麦。

藜麦

藜麦原产于南美洲，是古代安第斯山脉和印加山脉地区的主要食物来源（印加人称之为“谷物之母”）。藜麦富含膳食纤维，是蛋白质的优质来源，被公认极具健康价值，在美国、玻利维亚、秘鲁、中国和英国等得到种植。藜麦颗粒细小，呈串珠状，颜色各异，有白色、金色、黑色、红色、橙色等，表面有光泽，口感有弹性，有青草味，略带涩味。

藜麦可加工成藜麦片（经过水蒸、碾压和烘干）、整粒藜麦和藜麦粉。煮熟的藜麦可膨胀到原来的4倍，几乎半透明。将藜麦用流动的凉水冲洗至水变清，可去除苦味，然后像大米一样烹饪。

将藜麦加油烘烤一下，然后加入两倍于藜麦的水或高汤，煮沸，转小火，盖上盖子煮10～15分钟，关火后静置5分钟，然后用叉子把米弄蓬松。

营养价值

藜麦是碳水化合物、钙、磷、铁和维生素E的良好来源。

食用建议

用藜麦代替干小麦来做塔布勒沙拉；做手抓饭时把大米换成藜麦；用藜麦片煮粥；把熟藜麦加入炖蔬菜中；在烤小胡瓜和洋葱中加入熟藜麦，用橄榄油和柠檬汁调味（喜欢的话，再撒点烤坚果）；在蔬菜卷中加一些熟藜麦；用熟藜麦、碎黑豆、炒洋葱和香料等制作汉堡。

斯佩尔特小麦

斯佩尔特小麦是人工种植小麦中最古老的品种之一。它生长的地区包括中欧和东欧，可用于酿造和食用，在德国尤其受欢迎。

与普通小麦相比，斯佩尔特小麦的产量较低，而且外壳坚韧，这使得它很少直接用于烹饪。然而，与普通小麦相比，斯佩尔特小麦的蛋白质、维生素和矿物质含量都更高，面筋含量更低，更易消化。

斯佩尔特小麦可买到颗粒完整脱壳小麦、白色精制（珍珠）小麦或者面粉。在中欧，人们通常会将未熟透的斯佩尔特小麦稍加烘烤后磨碎，用在汤中。在德国，斯佩尔特小麦被称为丁克尔小麦，常用于烘焙。斯佩尔特小麦烹煮后的味道复杂，带有甜味和坚果味。

营养价值

斯佩尔特小麦是碳水化合物、蛋白质、铁、锌和B族维生素的良好来源。

食用建议

做意式烩饭时，把意式烩饭专用大米换成斯佩尔特珍珠小麦；用斯佩尔特小麦面粉做面包或饼干；烤根茎类蔬菜时加入斯佩尔特小麦；把精制斯佩尔特小麦加到蘑菇汤里；把斯佩尔特小麦加到西蓝花热沙拉中，用味噌酱调味。

小米

小米，原产于非洲和亚洲，颗粒细小，品种繁多。它们既是人类食物也被用作动物饲料。几千年来，在炎热缺水的地区，小米一直是重要的食粮。在原产地，小米被用来制作面包，或与牛奶、水、高汤一起煮成口感润滑的粥，搭配咸味菜肴食用。这种金黄的圆粒谷物富含铁和蛋白质，营养丰富，市售有去壳的、完整的、破碎的、膨化的、片状的和米粉等。

小米带一点坚果味，味道清雅。在食用之前先烤一下可增强米香味。米粒煮熟后会膨胀到原来的很多倍，所以要少放米。用水冲洗一下后，用3倍于小米的沸水或高汤煮10~12分钟，关火，静置几分钟，然后用叉子弄松。或者，用更多的液体煮更长时间，直到它变得黏稠光滑。在烹饪中，可以用小米代替米饭、蒸粗麦粉或藜麦。

营养价值

小米是碳水化合物、铁、镁、磷、锌、钙、B族维生素、膳食纤维和蛋白质的良好来源。

食用建议

将煮熟的整粒小米加到蔬菜汉堡馅料中；代替大米，和蔬菜咖喱一起食用；用整粒小米和椰奶煮粥；将小米片加到面包面团、饼干或什锦早餐麦片中；将熟的整粒小米加到热蔬菜沙拉中；制作小米手抓饭。

荞麦

尽管荞麦的名字中有“麦”字，但它不是麦。荞麦较小，呈棕色的三角颗粒。荞麦常以整粒的、去壳的、已烤制或未烤制的谷粒的形式出售，也有碾磨好的荞麦粉。

荞麦粉可用来制作荞麦面、意大利面、煎薄饼和面包。因为荞麦不含麸质，常与其他面粉混合使用。烤过的荞麦被称为卡莎，俄罗斯和部分东欧国家的人通常用卡莎来制作荞麦米糊。

荞麦的味道浓烈，泥土味很重，甚至有

点涩。因此，它最适合制作丰盛可口的咸味菜肴。小麦不耐受或过敏的人可用荞麦替代小麦。

营养价值

荞麦是碳水化合物、B族维生素、铁、蛋白质、钙和硒的良好来源。

食用建议

用荞麦粉做荞麦煎薄饼或用卡莎熬荞麦米糊，上面撒炒蘑菇；在做意式烩饭之前往米中添一把卡莎或生荞麦；在烘烤即时麦片混合物之前，混一点整粒生荞麦进去；在烤南瓜沙拉中加些熟荞麦，用香草和奶油质地的芝麻酱调味。

苋菜籽

苋菜籽原产于墨西哥和中南美洲，颗粒微小，和藜麦相似，是一种伪谷物，是阿兹特克人和印加人的食粮。这种植物主要种植于热带地区，苋菜叶是一种蔬菜，味道和菠菜相似。苋菜籽颜色较浅，与大多数谷物相比，蛋白质和脂肪含量更高，营养极其丰富，尝起来像有嚼劲的爆米花，带点胡椒味，煮熟后会变得绵软、黏稠。苋菜籽常以米粒和面粉的形式出售，与其他面粉混合后用于烘焙和制作零食。在烹煮前，将苋菜籽稍作烘烤有助于保持其颗粒完整。

营养价值

苋菜籽是碳水化合物、蛋白质、膳食纤维、铁和钙的良好来源。

食用建议

加3倍于苋菜籽的盐水或植物奶，煮20～25分钟，成苋菜籽粥；放入锅中，加热爆成米花，可添加到制作面包的面团、即食麦片、什锦早餐麦片中，撒在沙拉上，或调味后当零食吃；把苋菜籽加到制作面饼的面团中；代替（或和）红扁豆煮印度炖豆。

木薯粉

木薯是一种灌木，来自美洲热带地区，现在主要在亚洲和非洲种植。白色的木薯粉是由木薯块根干燥后制成的，它有片状、粒状（碎片状）和珍珠状三种形式，味道平淡。用木薯粉做成英式牛奶布丁，寡淡无味，但如果烹饪得当，熟后其半透明、果冻状的品质则是其优点。在巴西饮食中，木薯粉可煮或烤，用来制作咸味或甜味的菜肴。

营养价值

木薯是碳水化合物的重要来源。

食用建议

将珍珠木薯粉和椰奶一起煮，加水果，用糖和香草调味，做成布丁；用木薯粉给汤或酱汁勾芡；在煎薄饼面糊中加些木薯粉；制作木薯膨化饼干。

小贴士

木薯粉（也被称为木薯淀粉）是素食饮食中一种非常有用的黏合剂和增稠剂，用珍珠木薯粉可以制作口感软嫩的布丁。

香草

芳香浓郁的植物叶子，或新鲜或干燥，均极富价值，可用作药物或烹饪调味品。香草赋予食物香气、味道和活力，可激发菜肴特色、刺激味蕾。香草通常来自伞形科或唇形科，来自伞形科的香草味道相对醇和，来自唇形科的香草味道更为浓烈。香草采摘后芳香气息会迅速衰减，所以最好在新鲜时食用。越新鲜的香草其营养价值越高，干的则较低。

欧芹

欧芹的美味让人回味无穷。在美国和欧洲，欧芹是最常见的、用途最广泛的烹饪用新鲜香草之一。它原产于南欧和西亚的地中海地区，极易繁殖，古希腊时备受推崇，如今在大多数温带地区都有种植。欧芹枝叶柔软、颜色鲜绿，青草味浓郁扑鼻，略带苦甜味，含有大量的维生素C，营养极其丰富。平叶欧芹比卷叶欧芹味道更鲜美、更浓烈，在中东沙拉特别是塔博勒沙拉中会大量使用。在法国，它是法国多味香草料（由法国香芹、龙蒿、细香葱和欧芹等混合而成）和欧芹香料的主要成分。欧芹切碎后，味道会更新鲜清爽，欧芹叶相对娇嫩，烹饪时只需稍微加热即可。可将欧芹茎切碎，做成沙拉或调味料，或加到蔬菜汤、高汤中。干欧芹的味道较淡。

营养价值

欧芹是胡萝卜素、维生素C、B族维生素、钙和铁的良好来源。

食用建议

将切碎的欧芹和刺山柑拌入扁豆或豆子热沙拉中；将欧芹碎和蒸熟并捣碎的根芹碎拌在一起；把欧芹碎加到法式蘑菇丁馅饼中；用柠檬皮碎、欧芹碎和大蒜制作格雷莫拉塔酱，撒在烤胡萝卜上；煮干豆时，加一些欧芹茎到锅中；将欧芹叶切碎，加入大蒜、橄榄油后捣碎，制作成欧芹油；用一点儿熟干小麦、番茄、葱、柠檬汁、油、大蒜、薄荷和几大把的欧芹碎，做成塔博勒沙拉。

罗勒

罗勒原产于亚洲热带地区，如今在全球温带地区得到种植。罗勒的香味浓郁、味道鲜美，几百年来一直被用于意大利和泰国菜肴。不同品种的罗勒，口味也有差异，彼此难以替代。甜罗勒最常见于地中海烹饪，适合甜味和咸味菜肴。嫩绿（有时是紫色）罗勒叶带有甜味、青草味和一点冲窜的茴香味，很适合做酱汁、调味汁和沙拉，是意大利香蒜酱和许多南欧香蒜酱的关键食材。过度加热会使罗勒叶的香味迅速消失，所以通常在烹饪快结束时加入或新鲜食用。罗勒叶很易破损，所以处理时要小心地用手撕开而不是用刀切。干罗勒的味道跟新鲜的无法相比。

泰国甜罗勒也被称为亚洲罗勒，泰国甜

罗勒的茎是紫色的，跟甜罗勒相比，茴香味更浓烈。这种叶子比甜罗勒叶耐高温，咖喱、沙拉和炒菜中会用到大量的泰国甜罗勒叶。

圣罗勒是甜罗勒的一种，叶子狭窄，呈锯齿状，有柠檬香气和辛辣的丁香味，在东南亚菜系里尤其受欢迎。

营养价值

罗勒是胡萝卜素、维生素K、维生素C和矿物质的良好来源。

食用建议

将新鲜罗勒叶撒在番茄沙拉或番茄意面中；将欧芹、薄荷、罗勒、大蒜、葱和酸豆等切碎，然后用橄榄油炒熟，做一个莎莎酱，淋在嫩土豆或烤蔬菜上；用泰国罗勒叶、椰子、菠菜和茄子做一个咖喱菜；将罗勒放入酸橙糖浆中泡一泡，淋在草莓上或冻成格兰尼它冰糕。

细香葱

细香葱样子精致纤巧，是葱属植物中的一员，最早是中欧和亚洲的野生植物。细香葱叶子中空，呈鲜绿色，咬起来好像洋葱，质地多汁，带有淡淡的甜味，在中欧和北欧的烹饪中主要用作菜肴装饰。细香葱也是经典的法国多味香草料中的四香草之一（其他三种是欧芹、法国香芹和龙蒿），在法国烹饪中用作调味料。细香葱熟后味道基本消失，切开后味道会很快变淡，所以应该在最新鲜时使用。香葱的花是淡紫色的，味道跟香葱类似。

中国韭菜比欧洲香葱的蒜味更强烈，有时被称为蒜韭。韭菜叶子扁平，比普通香葱大，花是白色的。在中国、日本等国家，韭菜是蔬菜而不是香草。

营养价值

细香葱是胡萝卜素、维生素C、B族维生素和矿物质的良好来源。

食用建议

将细香葱切段，用作生菜和豌豆汤的装饰；细香葱切末，加到蚕豆冷蘸料、牛油果干小麦或豆子沙拉中；细香葱切段，加入意式芦笋烩饭中；细香葱切碎后撒在嫩土豆泥上；细香葱切段后加到炒豆腐等炒菜中；在调过味的牙买加豆米饭上撒点细香葱段。

香菜

香菜在香草中独具特色，原产于南欧和地中海地区，是拉丁美洲和大多数亚洲菜肴中不可或缺的食材。有些人认为香菜味“像肥皂”，避之唯恐不及，另一些人将其赞誉为美味。

香菜味道复杂，融合了泥土味、木头味、松木味，还带点清凉花香。香菜的每一部分都可食用，包括香菜根。在泰国和印度，香菜根和嫩而芳香的茎一起被磨碎，加到调味酱中，用于制作炖菜、汤和咖喱。

香菜茎适应多种味道，可用来做香料酱和高汤。嫩香菜叶一般在新鲜时食用或者在菜肴快出锅时添加。

营养价值

香菜是B族维生素的良好来源。

食用建议

把香菜用作沙拉中的叶菜，用量要比其他软香草的叶子更大，再搭配熟谷粒和重口味酱料；搭配烤花生仁、扁桃仁、核桃仁或榛子仁一起压成香蒜酱；在亚洲咖喱酱或印度炖豆中加入香菜根和茎；在印度炖豆或豆腐面条汤中拌些香菜末；做一个清新的印度椰子香菜酸辣酱；用香菜、蒜、腌柠檬、橄榄油、孜然、卡宴辣椒粉做一个北非香草辣酱，浇在烤蔬菜上或淋在黑豆汤中；用香菜、酸橙和番茄做成莎莎酱；在牛油果酱中搭配点香菜；在墨西哥炖豆上桌前撒些香菜末。

薄荷

薄荷原产于南欧和地中海，是古希腊和古罗马时期享有盛誉的花园草本植物，如今，其沁人心脾的香味得到世界各地的认同和喜爱。可食用的薄荷品种有数百种之多，其中绿薄荷和胡椒薄荷使用最为广泛。绿薄荷叶子呈鲜绿色，比胡椒薄荷味道更淡更甜，常用于烹饪；胡椒薄荷叶子深绿，味道辛辣，主要用于制油。在中国、印度、日本、马来西亚和泰国菜系中，绿薄荷及其近亲品种常与其他香草一起被制成酸辣酱、酱汁和饮料；在北非和中东，绿薄荷、干胡椒薄荷可用来泡茶。

薄荷清新、凉爽，带点柑橘味调，在菜肴和甜点中都很适用。烹煮时加干薄荷，但最后出锅时用新鲜薄荷。新鲜薄荷最好是生吃或在快出锅时加入。

营养价值

薄荷是铁、维生素C和胡萝卜素的良好来源。

食用建议

在甜瓜、芒果、菠萝沙拉上撒薄荷碎；在植物酸奶拌拍黄瓜中加入薄荷，做成南亚酸奶沙拉，搭配咖喱或烤茄子吃；和香菜一起加入越南春卷中；拌到蚕豆或豌豆蘸料中；做薄荷雪葩（译者注：雪葩是西式甜品的一种，口感类似雪糕，多用新鲜水果等制成）；与洋葱、辣椒和现磨椰子做成椰子薄荷酸辣酱；在藜麦手抓饭中撒入切碎的欧芹、薄荷和香菜；在煮嫩土豆的水中加入薄荷；把薄荷撒在甜菜根酸奶沙拉上。

莳萝

莳萝原产于南欧和西亚，是欧芹科的一种，在西班牙、葡萄牙和意大利为野生，在北半球温带的多个地区得到种植。几千年来，莳萝的叶子和种子因其疗愈和芳香的特性而备受推崇。羽毛状的绿色莳萝叶芳香沁人心脾，是斯堪的纳维亚国家、俄罗斯和乌克兰菜系中常见的食用香草，在那里，莳萝鲜美清新的茴芹味，让泡菜、鱼和其他美味得以提升。希腊、土耳其、伊朗和越南北部的人也常用到莳萝。在烹煮中莳萝的香味会散失，所以最好是生吃或临出锅前加入。莳萝种子（参见第150页）的味道比莳萝叶更浓郁。新鲜莳萝带有甜味，晾干后甜味会消失，所以趁新鲜时食用最好。

营养价值

莳萝是胡萝卜素、维生素C和矿物质的良好来源。

食用建议

撒在热的嫩土豆沙拉或甜菜汤中；撒在腌黄瓜上或加到调味汁中，淋在黄瓜沙拉上；加入泰式蔬菜辣汤中；用牛油果、柠檬和莳萝做一个奶油质感的酱料；在烤蘑菇、藜麦、荞麦或干小麦时，加些莳萝和其他新鲜香草碎，搭配在一起吃；在蚕豆手抓饭中加入新鲜莳萝。

龙蒿

龙蒿原产于欧洲东南部和中亚，在法国和中欧作为沙拉用香草，是贝亚恩蛋黄酱中的关键成分，也是法国多味香草料（经典法国烹饪的基石）中的关键香草之一，还可用来泡醋。龙蒿绿色嫩叶的形状细长，带有和球茎茴香类似的甘草香气，在强烈茴香味中还掺和着淡淡的甜味。俄罗斯龙蒿也被称为假龙蒿，其质地和味道更为粗糙，相比之下，法国品种更为精致。和其他大多数软香草一样，龙蒿只适合生吃或在快出锅时加入，以保持新鲜香味。龙蒿的味道强烈刺激，会把其他味道盖住，因此要慎用。干龙蒿没有新鲜龙蒿的浓郁芳香。

营养价值

龙蒿是铁的良好来源。

食用建议

在小胡瓜意式烩饭中加入一点龙蒿碎；在烤甜菜或整颗洋蓟的调料中加入龙蒿碎；在慢火烤番茄或新鲜番茄沙拉上撒些龙蒿；在热青豆沙拉上撒些切碎的龙蒿叶，搭配烤坚果和腌小洋葱；用糖浆浸泡龙蒿，然后把糖浆淋在热带水果沙拉上；把切碎的龙蒿叶撒在烤桃子和油桃上。

牛至

牛至原产于欧洲和中亚，是马郁兰的一种野生品种，它们有着相似的芳香气味和烹饪用途。牛至叶子小巧、味道芳香、状如风筝，其香气和胡椒味可令人兴奋，因此在地中海、中东、拉丁美洲都受到赏识和栽培。生长在希腊和意大利西西里岛的品种，香气和辛辣味更为浓烈。牛至叶味道热辣，带微苦感，烘干后味道更为浓烈，所以干牛至的用量要少。新鲜牛至和干牛至都适合味道浓郁的菜肴，尤其是烧烤蔬菜。如果想保留其装饰作用，可以在快出锅时加入新鲜牛至。

营养价值

牛至是维生素K和矿物质的良好来源。

食用建议

在烤番茄和茄子时加一小撮干牛至；撒在比萨或者波隆那素肉酱中；用牛至、柠檬和欧芹调制西西里家常酱汁；在意式杂蔬汤（意大利卷心菜豆子汤）中加入新鲜牛至；在波洛蒂豆煮熟后，趁热加入用牛至、橄榄油、大蒜、柠檬汁调成的酱汁；在意式米粒面、烤蔬菜沙拉、墨西哥辣味炖豆中加些干牛至。

迷迭香

迷迭香为耐寒灌木，原产于地中海，叶子和花朵散发出温暖的树脂香味，让人十分喜爱，因此长期以来一直在厨房花园（译者注：厨房花园的目的是为家庭提供一些蔬菜、水果或香草，同时也有一定的观赏性）得到种植。在受到欧洲特别是意大利烹饪青睐之前，人们最早认为迷迭香可以药用和散香，而不认为它能用于烹饪。迷迭香叶细长有光泽，像松针，香气浓烈，和其他木质香草一样带有苦味和一种说不清的味道，适合与味道浓郁的食材搭配，可用于甜品和菜肴制作。去茎后，把叶子剁成细末，再加到菜中；或者在烹煮时加入嫩枝，在上菜前捞出；迷迭香味道浓烈刺激，用量需适宜。与软香草相比，烹煮时间可以稍长。

营养价值

迷迭香是胡萝卜素、维生素C、B族维生素和矿物质的良好来源。

食用建议

做成加了迷迭香的黑莓酱和杏酱；做成迷迭香食用盐，然后撒在烤蔬菜上；在煮意大利白芸豆、波洛蒂豆、小扁豆、芸豆等豆类时，在锅中加入迷迭香的嫩枝；在面包屑和烤坚果中加入迷迭香碎，包裹茄子、小胡瓜或番茄，然后进行烤制；将迷迭香浸泡入糖浆中，将糖浆淋到柠檬扁桃仁蛋糕上；把

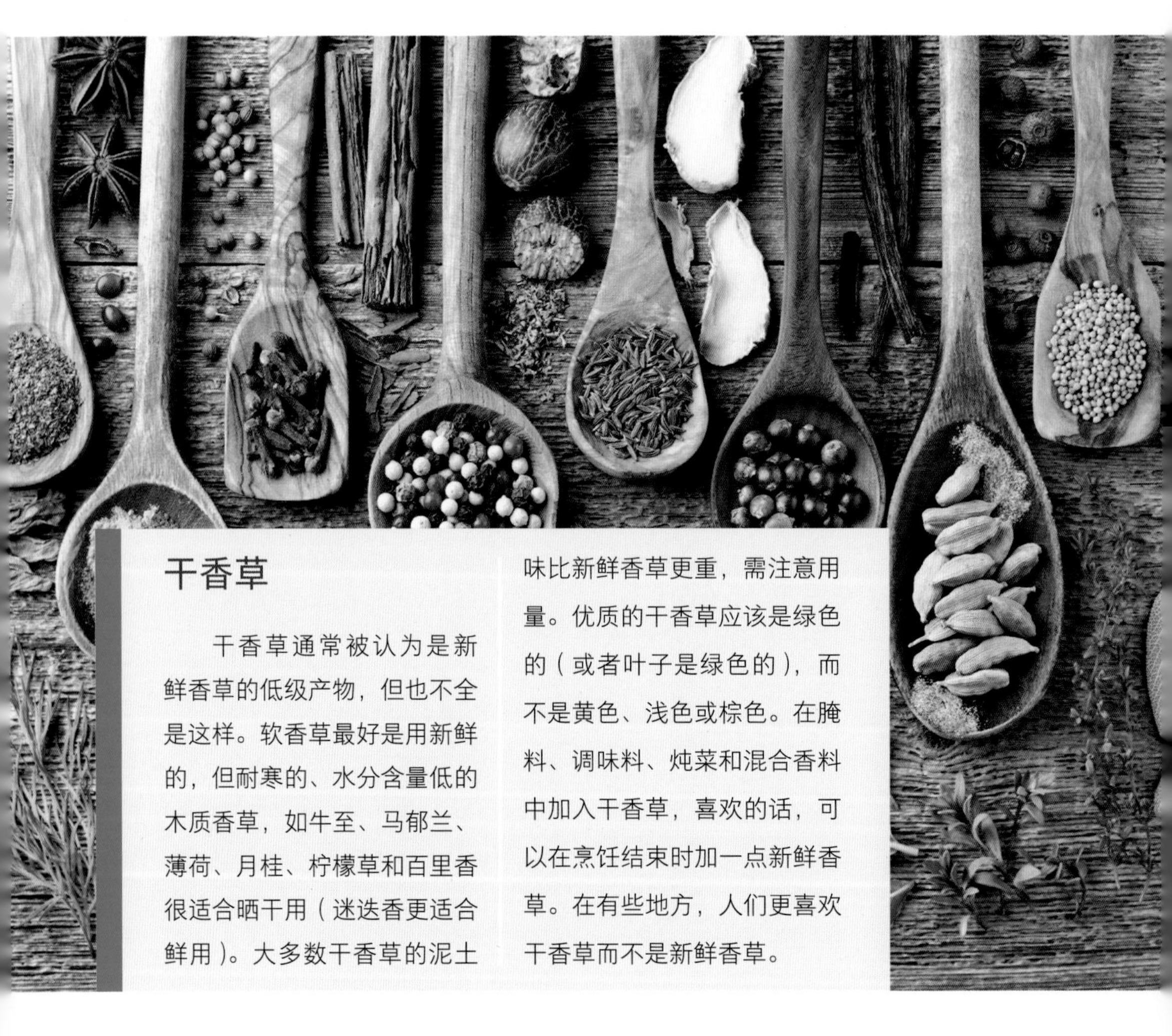

干香草

干香草通常被认为是新鲜香草的低级产物，但也不全是这样。软香草最好是用新鲜的，但耐寒的、水分含量低的木质香草，如牛至、马郁兰、薄荷、月桂、柠檬草和百里香很适合晒干用（迷迭香更适合鲜用）。大多数干香草的泥土味比新鲜香草更重，需注意用量。优质的干香草应该是绿色的（或者叶子是绿色的），而不是黄色、浅色或棕色。在腌料、调味料、炖菜和混合香料中加入干香草，喜欢的话，可以在烹饪结束时加一点新鲜香草。在有些地方，人们更喜欢干香草而不是新鲜香草。

迷迭香嫩枝加到自制的柠檬汽水中；把迷迭香茎剥去皮之后用来穿蔬菜串；烤扁桃仁时加些迷迭香。

百里香

百里香生长在南欧和地中海地区野外的贫瘠山坡上，数千年来，因其气味芳香而得到赏识。世界各地栽种的百里香品种达数十种，普通百里香是最广为人知和用途最广泛的品种，柠檬百里香紧随其后。百里香叶小而柔软，呈灰绿色，有着尖锐、温暖、辛辣的味道，带有迷人的树脂气味。许多硬香草的味道会盖过其他味道，百里香却没有那么浓烈，很适合小火慢炖的菜肴，常用于西班牙、法国、南美和墨西哥的炖菜、腌料、香料中（如中东的扎塔尔混合香料），也用作香料束（译者注：指把各种香料绑成小束用于烹饪，方便烹煮后取出）。百里香与甜味也很搭。烹饪前需把茎上的叶子摘掉，也可在烹煮时放入整根嫩枝，吃前取出。百里香很适合晒干。百里香花也可食用。

营养价值

百里香是维生素C、胡萝卜素和矿物质的良好来源。

食用建议

把百里香叶、洋葱、大蒜作为底料，用于熬制番茄酱；将百里香、橄榄油、柠檬汁和蒜做成腌泡汁用来烤蔬菜（如菜花、小胡瓜、红辣椒、茄子等）；百里香叶加焦糖、梨或苹果做成纯素酥皮馅饼；在炖扁豆或其他豆子时加些百里香嫩枝；在法式蔬菜杂烩中加点百里香叶；炒蘑菇时加点百里香嫩枝，出锅时取出丢弃；在橘子酱中加几片百里香叶。

鼠尾草

鼠尾草原产于地中海北部，在世界各地的温带地区得到种植，尤其适合干旱温暖的地区。在古代和中世纪因其药用价值受到赏识，16世纪左右开始被用作厨房香草和厨房花园植物。从带有麝香气味的紫绒鼠尾草到精致的快乐鼠尾草和凤梨鼠尾草，数百种鼠尾草都被用于烹饪。普通鼠尾草，有绿色也有银灰色，是超市里最容易买到的品种。它是意大利北部美食的关键食材，常与肉菜搭配。德国和英国的佳肴也一直将鼠尾草浓烈的味道作为特色。鼠尾草叶有丝绒触感，带有辛辣味、柑橘味和松树味，后味苦涩。涩味意味着更适合浓油的厚味菜肴。鼠尾草是少数几种适合晒干的香草之一。用量上只需要一点点就够。鼠尾草的花也可食用。

营养价值

鼠尾草是胡萝卜素、维生素K和矿物质的良好来源。

食用建议

将小洋葱末、切块抱子甘蓝和鼠尾草叶用油炒熟后拌意大利面吃；用油炸鼠尾草叶子，然后用鼠尾草油搭配烤松仁撒在烤南瓜上；在栗子汤中加些鼠尾草；用苹果和鼠尾草制作成果冻，搭配粥一起吃；炖意大利小扁豆或波洛蒂豆时，加入鼠尾草、月桂叶和大蒜。

月桂

月桂耐寒，原产于地中海东部地区，在古希腊被认为是神圣的，并因其烹饪和药用价值而得到赏识。时至今日，其沁人心脾的芳香依然在整个欧洲和地中海地区的烹饪中起着举足轻重的作用。深绿色的月桂叶芳香润泽，带点树脂味，适用于甜食和菜肴，是地中海地区（如法国）制作高汤、炖汤和炖菜的关键食材。月桂叶可以让菜肴更香，但本身质地坚韧，不适合吃。把月桂叶整片或撕开后放至锅中，香味会慢慢释放。月桂叶是香料束中必不可少的部分，还经常被添加到泡菜中。用量上少量即可。

营养价值

月桂是胡萝卜素、B族维生素、钙、铁的良好来源。

食用建议

炖小胡瓜中加些月桂叶；加入到韭葱土豆汤中；在做蔬菜串烧烤时，穿入整片的月桂叶；在烤食用大黄时加几片月桂叶；做苹果蜜饯时加入一片月桂叶；煨炖榅桲、李子、梨和桃子时扔几片月桂叶进去；做浆果酱时加一点进去；在煮波伦塔玉米糊的水中加入少量月桂叶；在做芦笋烩饭的高汤中加些月桂叶；烹煮意大利白芸豆时在水中加些月桂叶；在椰子米饭布丁、焦糖酱中加些月桂叶。

咖喱叶

咖喱叶是一种热带小型树木的叶子，原产于喜马拉雅山麓，现在亚洲和澳大利亚北部都有种植。咖喱叶是柑橘科的一员，叶子深绿，香气扑鼻，微微带有柠檬味。在压碎或剪碎后，咖喱叶的香氛会带有花香，温暖而复杂。咖喱叶在印度沿海和南部、马来西亚和斯里兰卡的烹饪中被大量使用，可给咖喱、印度炖豆、腌菜、酸辣酱等美味带来独特香气。咖喱叶可碾碎后加入香料酱中，加油稍微煸炒直到变脆，制成红油（味浓），然后搅拌到素食咖喱和印度炖豆中。最好买带茎出售的、没有瑕疵和破损的新鲜叶子，干叶的香气会明显变弱（可以将未使用的新鲜叶子储存在冰箱里）。咖喱叶的味道很微妙，用量可大可小。

营养价值

咖喱叶是钙、铁、B族维生素、胡萝卜素、维生素C、维生素E的良好来源。

食用建议

用油煸炒鲜咖喱叶和芥菜籽，然后拌入印度炖豆或马萨拉（译者注：马萨拉是东南亚料理中的一种香料）中；将咖喱叶、芥菜籽、孜然、姜一起加入制作五香南瓜茄子咖喱的汤底中；把咖喱叶切碎，加入制作面饼的面团中或把炒咖喱叶撒在熟面饼上；煮米饭时在锅里加点咖喱叶。

柠檬叶

这种树原产于东南亚，属于柑橘类的一种，叶子芳香可人，也称泰国酸橙叶。泰国、柬埔寨和印度尼西亚的美味菜肴，尤其是汤、肉汤和炖菜中多加柠檬叶，赋予这些菜肴一种独特的收涩的酸柑橘味和香气。新鲜的柠檬叶通常会被揉搓、撕裂或切碎，以帮助释放香气，但干燥的叶子不需要这样做。柠檬叶和月桂叶一样不能生吃，主要通过浸泡得到香气，用来制作甜食也不错。青柠表面凹凸不平，带有香气，通常可和叶子一起加到菜肴中。

营养价值

柠檬叶是维生素C、B族维生素和矿物质的良好来源。

食用建议

干柠檬叶搭配柠檬草、姜或高良姜，用来煮泰国蔬菜汤；用糖浆浸泡后，用来做酸橙雪葩；将叶片中心的筋去除后，与泰国罗勒、酱油、糖、大蒜和葱一起捣烂做成辣椒酱，可作为烹炒的底料；新鲜柠檬叶加糖捣碎，撒在热带水果沙拉上。

柠檬草

柠檬草在温带、热带地区得到广泛种植。一般认为，柠檬草原产于印度南部、斯里兰卡和马来西亚。数千年来，柠檬草既作为药材也作为香料，东南亚地区最喜欢将其用作调味料。柠檬草根部呈球茎状，叶子细长，带有独特而微妙的柑橘花香，能让咖喱、炒菜、泡菜、沙拉和汤充满香气，在泰国、越南和马来西亚使用得尤其多。摘取茎细嫩部分加到咖喱酱或混合香料中，碾碎或捣烂，为浓郁的椰子咖喱和冬阴功汤等增添爽口、辛辣的味道。将干柠檬草磨碎后（通常被称为“塞瑞”），其迷人香味只剩下了冰山一角。茎的嫩芯部分可以切成小块或捣碎后生吃。柠檬草适合冷冻储存。

营养价值

柠檬草是矿物质的良好来源。

食用建议

把柠檬草茎嫩芯加入咖喱酱、卤料、腌料中；做泰式面条沙拉酱时，在胡萝卜、辣椒、黄瓜、烤花生仁和大量的香菜外加上柠檬草末；煸炒小洋葱和大蒜时加入柠檬草碎和姜或高良姜，可以给红薯汤或炒菜提味；慢炖梨、桃子时，在糖浆中加入柠檬草；不要扔掉柠檬草茎的木质部分，煮米饭、高汤或炖汤时，可加到锅里；将柠檬草茎稍微揉软，用来泡茶，还可搭配其他香料，如柠檬皮、姜和肉桂棒。

小贴士

柠檬草茎富含膳食纤维，敲打有助于柠檬草释放芳香。

可食用花

长期以来，新鲜香草和厨房花园中的鲜花一直被用来为甜品和菜肴增添香氛和作为装饰，有些甚至可以用于烹饪。香草的花和香草本身的味道相似，但味道更微妙细腻。可以试着把一种或几种花加到沙拉中，作为绿色蔬菜的装饰；加入果酱或果冻中，挂糊油炸，做糖霜，做烘焙用的调味糖；用糖浆浸泡后，用于制作糖果和格兰尼它冰糕，还可以泡茶或做萃取液。

只使用自己种的未喷洒过农药的花，或者是市售的可食用花。

百里香花
报春花
雏菊的花
大丽花
旱金莲的花
接骨木花
金鱼草花
金盏花（万寿菊）
堇菜花
韭菜花
菊花
康乃馨
琉璃苣花
罗勒花
玫瑰花
迷迭香花
茉莉花
木槿花
苹果花
蒲公英的花
三色堇的花
莳萝花
矢车菊花
鼠尾草花
甜月桂花
豌豆花
勿忘我花
细香葱的花
香堇菜花
小胡瓜花
薰衣草花
野报春花
野大蒜花
酢浆草花

香料

香料味道浓烈、回味无穷，常用来激发食物味道，使之丰厚醇香。

香料主要产自热带地区，植物的种子、果实、茎、花和树皮都可成为香料，通常晒干后出售。将香料稍微烘烤后碾碎，会有助于大多数香料中的芳香油脂释放。

姜黄

姜黄，来自姜家族，有麝香味和泥土味，被认为原产于印度。其根茎（一种球状的地下茎）自古以来就因有益健康而闻名，在印度、伊朗和北非国家的烹饪中使用较多。在欧洲，它被广泛用于各种咖喱粉中。市售的姜黄有新鲜的、干燥的和研磨成粉末的，因其诱人的黄色基调及辛辣味道而得到赏识。用时应少量，以免其苦味压倒其他味道。姜黄中含有姜黄素，在使用姜黄调味时，加些黑胡椒，有助于增加姜黄素的生物利用率。姜黄粉的味道很快就会消失，所以只宜少量购买。好的姜黄其形状应该饱满，不能皱巴巴的。储藏时适合冷冻。

营养价值

新鲜姜黄是维生素C和矿物质（锰、铁和钾）的良好来源。

食用建议

将干姜黄粉或现磨姜黄粉，搭配芥菜籽和阿魏酸，做辣泡菜；将新鲜姜黄磨碎或直接用一点姜黄粉，搭配开心果、肉桂和绿豆蔻，炖蔬菜鹰嘴豆或北非手抓饭；在咸味糕点面团中加一点姜黄粉；将新鲜姜黄压碎，加辣椒、大蒜、柠檬草和高良姜一起做成辣酱。

高良姜

高良姜的根茎呈节状，富含膳食纤维，有辛辣味，与姜类似，但比姜更甜、更温和。高良姜原产于印度尼西亚，是姜家族的热带品种，在马来西亚、泰国和印度尼西亚常用于烹调酸辣菜肴、汤、叻沙（译者注：娘惹美食的一种）、参巴辣椒酱和咖喱酱，以其温性的芳香和柑橘味为菜肴增添风味。在中东和北非的混合香料如北非混合香料中，加入干高良姜粉算是亮点。食用前，将干高良姜片放入热水中浸泡，或把新鲜的高良姜切片或磨碎，用来给亚洲式炖汤和炖菜调味；在柠檬调味料中加一些高良姜，用来拌木瓜沙拉；在水果或蔬菜奶昔中用高良姜代替姜；在泰国咖喱中加入柠檬草和高良姜。

姜

姜是温性香料。数千年来，姜一直是著名的药用和食用香料，被广泛用于甜点和佳肴，现在更常用于烘烤。干姜也常出现在混合香料中，如法式四香料、北非混合香料和中国五香粉。在亚洲，鲜姜更为常用。鲜姜带有柑橘味和鲜辣感，而干姜的木头味、辛辣味更浓。给姜去皮时，可用茶匙来刮。

营养价值

姜富含维生素C和铁、钾等矿物质。

食用建议

圆白菜切块，煸炒时加入大蒜和姜；煮根茎类蔬菜汤时，在洋葱汤底中加入姜末；在蔬菜咖喱、印度炖豆、亚洲式卷心菜沙拉中加入大量的姜碎；在慢炖梨时，加片鲜姜；在饼干面团中加入姜粉；在水果、蔬菜酸辣酱中加入姜。

辣椒

辣椒原产于美洲，自公元前7000年左右就开始种植。葡萄牙人把辣椒带到了欧洲、亚洲和非洲，并迅速取代黑胡椒，成为最受欢迎的辣味香料。在意大利、匈牙利、西班牙和葡萄牙的厨房里，辣椒也受到热烈追捧。辣椒的形状、大小和颜色千变万化，其味道有的温和如水果，有的刺鼻辛辣，各不相同。市面上既有刚采摘的新鲜辣椒（成熟或未成熟），也有腌辣椒或干辣椒出售。墨西哥种植了无数品种的辣椒，收获的辣椒通常晒干后用于不同烹饪，如腌制、炖菜、制作莎莎酱等。在拉丁美洲、亚洲、非洲等地区，在无数的混合香料和酱料中都有辣椒的身影，如埃塞俄比亚的柏柏尔辣椒粉、北非的哈里沙辣椒粉、印度的马萨拉辣酱和印尼的参巴辣椒酱。一般来说，辣椒的个头儿越小，口感越辣，一些大的、不辣的辣椒可当作蔬菜烹调，小辣椒则要谨慎使用。辣椒内部的白膜是最辣的，那里的辣椒素含量最高，而辣椒素正是辣味的来源。

处理新鲜辣椒时宜戴手套。

铁锈红色的辣椒粉随产地、品种的不同，其味道也不同。有些辣椒粉会完全带着辣椒子一起磨碎，辣味十足；另有一些辣椒粉则已去除辣椒子，味道温和。匈牙利炖牛肉不加辣椒粉就不正宗，西班牙什锦饭的关键要点就是辣椒粉。在西班牙，辣椒粉有甜、苦甜和辣三种味道，甜辣椒粉通常在烹饪开始时用，在快出锅时用辣的。有些辣椒粉是用烟熏红辣椒制成的，如来自西班牙拉维拉河谷地区的烟熏红辣椒，非常珍贵。

柏柏尔辣椒粉是一种半干的粗磨红辣椒粉，在中东地区很受欢迎，经常出现在火辣的巴哈拉特混合香料中。油炸辣椒粉很容易煳，若想不煳，可以把辣椒粉加到正在煮的汤中或已经炒过的配料中。

营养价值

与柑橘类水果相比，辣椒含有更丰富的维生素C，同时富含胡萝卜素、B族维生素和矿物质。

食用建议

在鲜椰汁调味料中加入新鲜的辣椒，与烤蔬菜一起食用；在热带水果沙拉上撒一点辣椒粉；在西班牙冷汤菜或黄瓜和植物酸奶蘸酱上撒点熏制辣椒片；用甜椒和辣椒做一个意式烤甜椒；在纯素玉米面包或印度烤馕中加入浸泡后切碎的干辣椒或新鲜辣椒；在波士顿焗豆或墨西哥煎豆泥中加入烟熏干辣椒；在炒豆腐上撒辣椒片；在番茄酱中加入烟熏辣椒粉，可以做西班牙辣酱土豆或玉米巧达浓汤；在炒洋葱的锅中撒上甜辣椒粉，用来做西班牙什锦饭；在加水浸泡蒸粗麦粉时撒些辣椒粉。

黑胡椒

黑胡椒味道辛辣温暖、有木香，自古以来就是一种珍贵的商品，被称为“香料之王”。黑胡椒可能是全世界使用最为广泛的香料，属于经典调味品，也是盐的餐桌伴侣。今天，黑胡椒算是厨房里的常客，主要是研磨后用于咸味佳肴中提味（也适用于甜食）。它是许多混合香料，如葛拉姆玛沙拉（印度辛辣粉）和中东巴哈拉特混合香料的核心香料。优质胡椒具有复杂香调，除辣味之外，还带有花香和水果味等。一般来说，黑胡椒粒越大，味道越好。最好购买完整的黑胡椒粒，现用现磨。

白胡椒是经典法国酱汁的重要成分，比黑胡椒味道更淡。

青胡椒在泰国菜，特别是咖喱中很受欢迎，也常用于法式馅饼和法式砂锅。青胡椒的辛辣感与黑胡椒相比更为温和。下锅前应把浸泡好的青胡椒用水再冲洗一下。

营养价值

黑胡椒是矿物质、B族维生素和维生素K的良好来源。

食用建议

在腌制烤红辣椒或黄瓜时，可把完整的黑胡椒粒或青胡椒粒加到调味汁中；在洋葱酱中加一些现研磨的胡椒；在桃子、甜瓜或西瓜上撒上刚磨出来的胡椒；用糖和少许黑胡椒浸渍新鲜草莓，然后用来做雪葩；在咸味酥皮面团中加入大量新研磨的黑胡椒；稍微烘烤后研磨，加入到南印度咖喱蔬菜中。

香菜籽

香菜籽被古希腊人和古罗马人用作药物、防腐剂和烹饪香料，几千年来一直是北印度菜系的标志性香料。香菜籽有花香和苦中带甜的味道，经常搭配其他香料一起使用。它是通用咖喱粉的关键成分，如格鲁吉亚的混合香料、中东的巴哈拉特混合香料 、北非的哈里沙辣酱、埃塞俄比亚的柏柏尔辣椒粉、埃及塔克利尔香料和摩洛哥混合香料。香菜籽很脆，易碾碎。在使用之前稍微烤一下，可提升其甜橙味调。

营养价值

香菜籽富含维生素C和矿物质。

食用建议

在圆白菜和苹果沙拉中撒一些碾碎的香菜籽，或者撒在快炒的绿色蔬菜上；将碾碎的香菜籽加入由茄子、小胡瓜、番茄、辣椒和洋葱组成的地中海炖蔬菜中；在甜味碎屑中加一些碾碎的香菜籽，然后撒在苹果上；与其他温性香料混合作为制作咖喱扁豆汤的汤底；加到制作黑麦面包的面团中；加到番茄酸辣酱或调味料中。

孜然

孜然精致小巧，气味芳香浓烈。在埃及金字塔中发现的孜然说明当时人类已认识到孜然所具有的烹饪和药用价值。众所周知，在古罗马，孜然和盐一起被用作调味品。如今，孜然独特的芳香和刺激味道在许多混合香料中都有体现，包括通用咖喱粉、中东巴哈拉特混合香料、印度的葛拉姆玛沙拉、孟加拉五香料、阿富汗的香料奶茶原料和摩洛哥混合香料等。孜然也是许多墨西哥招牌菜的特色。印度北部和斯里兰卡的咖喱、手抓饭和汤中也会加入碾碎的孜然和香菜籽，且是经典搭配。将整粒孜然干烤或在油中煎烤，可使香味醇厚，提升柠檬味调。

营养价值

孜然是矿物质（尤其是铁）的良好来源。

食用建议

烤菜花前撒些孜然末；将孜然烤干碾碎，撒在甜菜根蘸酱、鹰嘴豆泥或中东茄泥上；在印度炖豆和炖扁豆上加一小撮孜然末；在法拉费炸豆丸调料中或手抓饭的底料中加入一小撮孜然末；将罐装黑豆沥干水分，用油煎炒，加些孜然末，然后用作墨西哥玉米薄饼或墨西哥玉米卷饼的馅料；撒一小撮孜然在椰子酸奶沙拉上。

芥菜籽

淡黄色芥菜籽（称为白芥）原产于地中海地区，加拿大种植的主要用于腌菜，美国的主要用作芥末；褐色芥菜籽的主产区在印度，味道更刺激，用于烹饪、混合香料及腌菜；黑色芥菜籽是孟加拉五香料的成分之一，味道最强烈，不太常见。芥菜籽没有气味，只有碾碎并与油、醋或水等液体混合后，才会释放出刺鼻的辣感。将多种芥末混合后制作成第戎芥末和芥末粉等产品，在欧

洲和美国已经有好几个世纪了。过度加热会使芥末的刺激性减弱，所以通常是在快出锅时加入。

营养价值

芥菜籽是矿物质和ω-3脂肪酸的良好来源。

食用建议

用酥油煸炒棕色芥菜籽和其他温性香料，作为菜花、秋葵、土豆咖喱的底料，或拌到印度炖豆中；在烤韭葱或菊芋中加入一勺第戎芥末；将英国芥末粉和黑色糖浆混合，加入自制的波士顿焗豆中；在土豆沙拉的调味汁中加些芥末；将白芥菜籽加到柠檬腌制调味汁中或脆泡菜的调味汁中。

小豆蔻

又称绿色小豆蔻，被称为“香料女王”（“香料国王”是黑胡椒），其浓郁的柑橘甜味和辛辣味让厨师和医生一直着迷了数千年。它是世界上第三昂贵的香料，仅次于藏红花和香草，也是印度诸多甜点、佳肴、混合香料及中东加瓦（香料咖啡）的基本成分。斯堪的纳维亚地区的人在面包和糕点中也大量使用它。使用整个果荚时味道比较清淡宜人（在食用前把果荚取出），如果把小豆蔻碾碎则味道更为浓烈。最好按需研磨。

黑豆蔻原产于喜马拉雅山脉东部，干燥后果荚质地似加工皮革，里面是树脂状的黑褐色种子。黑豆蔻比小豆蔻要大，带有独特的烟熏味，所以二者无法互换（黑豆蔻不适合制作甜食）。黑豆蔻常用于南亚等地的慢炖佳肴、中国四川焖菜、越南汤和尼泊尔混合香料，并因其樟脑味和泥土味而受到欣赏。

营养价值

小豆蔻是矿物质（尤其是铁）的良好来源。

食用建议

将黑豆蔻研磨后，均匀撒在烤菜花上；将黑豆蔻碾碎后，与温性香料一起煸炒，用来给手抓饭或印度炖豆提香；在果冻或烤甜苹果上撒一点小豆蔻末；将小豆蔻放至油锅中煎烤，然后加入大米做成手抓饭；慢炖杏时加点小豆蔻；在烤胡萝卜或红薯上撒一些现磨小豆蔻末。

黑种草子

黑种草子原产于南欧、西亚和中东。果荚形似罂粟果，种子细小坚硬、哑光黑色，有时被称为黑孜然、黑洋葱子、黑芝麻种子，其实黑种草子和以上这些香料都没有关系。黑种草子味道柔和，有复合香气，带有胡椒味和草本香，适合与其他香料特别是香菜籽和多香果一起搭配使用。黑种草子是孟加拉五香料的成分之一，也经常用于埃及杜卡混合香料中。将黑种草子烤一下，有利于激发其微妙风味和香气。

营养价值

黑种草子是矿物质的良好来源。

食用建议

干烤或连同其他香料用油轻轻煎炸后，撒在土豆菜花咖喱或印度炖豆上；加到素食根菜咖喱、烤茄子或谷物沙拉中；将土豆或萝卜煮至半熟，在放入烤箱前，撒一撮黑种草子；在黄油豆蘸料上撒些黑种草子；在面饼、印度烤馕、咸味饼干和甜蛋糕烘焙前后都可撒些黑种草子；将黑草种子作为酸辣酱或腌柠檬的香料之一；炒圆白菜时加一些。

漆树果

漆树属于腰果科，生长于地中海和亚洲的一些地区。漆树果晒干后呈铁锈红，通常磨碎后出售，在漆树种植区也可以在树枝上找到完整的风干漆树果。漆树果是一种酸味剂，人们也很喜欢它红彤彤的颜色。在古代，漆树果一直是中东扎阿塔尔混合香料的关键成分。近些年来，这种酸味香料在西方食品柜里也随处可见了。漆树果香气微妙、口感略涩。其微微的苦涩感，可以起到类似盐和柠檬的作用，激发出咸味佳肴的香气来。煮熟后，酸味和涩味都会消失。

漆树果带点水分更好。

营养价值

漆树果是矿物质的良好来源。

食用建议

撒一些到烤皮塔饼、番茄、黄瓜和生菜拌成的沙拉（即中东面包沙拉）或热蒸粗麦粉上；和油一起浇到红洋葱小菜上调味；撒在烤小胡瓜、茄子、甜菜或菠菜上；撒在炒鹰嘴豆上或用来做五香法拉费炸豆丸；轻轻撒一点到皮塔饼或比萨上。

葛缕子

葛缕子的种子弯曲如新月，带有五条果棱，有时被误认为是孜然。葛缕子辛辣味比较复杂，有些像茴香，香气浓烈。葛缕子常出现在中欧的诸多佳肴中，也是阿尔及利亚和突尼斯混合香料以及北非哈里沙辣酱的必备原料。几个世纪以来，葛缕子会用在甜味和咸味烘焙中，也常用于腌制。干葛缕子和圆白菜是一种经典风味组合；在斯堪的纳维亚半岛和东欧，它是黑麦面包的传统配料。葛缕子最好是整粒使用，或者按需研磨。稍加烘烤可提升风味。

营养价值

葛缕子是矿物质的良好来源。

食用建议

将萨沃伊圆白菜切成细丝，煸炒时可加入大量的现磨葛缕子；在胡萝卜和甜菜汤中加一点现磨葛缕子；撒在烤菜花上；连同姜末和其他温性香料一起揉到姜饼面团里；在素食苏格拉黄油酥饼中撒一点。

茴香子

茴香原产于南欧和地中海地区，属于耐寒植物，整株植物都带有芳香，几千年来一直被用作蔬菜和香料。在古代，几乎所有疾病都要用大茴香子（茴香的果实）治疗。在印度，人们经常饭后咀嚼含茴香子的糖果来帮助消化。茴香子赋予了意大利、印度的肥甘厚味温厚与清爽感；它们也是混合香料的组成部分，如孟加拉五香料、中国五香粉和斯里兰卡咖喱粉。其淡淡的甘草味能为甜品和菜肴增香。

小贴士

避免购买茴香粉。茴香子质地柔软、易研磨，整粒使用时香味更浓郁。需要时可稍作烘烤或磨碎。

营养价值

茴香子是矿物质的良好来源。

食用建议

将烤茴香子加到果酱里、撒在烤梨或烤苹果上；用在鲜茴香和圆白菜沙拉中；撒丁岛人的素食茄丁酱由茄子、小胡瓜、芹菜、刺山柑、橄榄和番茄做成，再加些现磨茴香子；和孜然一起磨碎，烤土豆和洋葱前撒一些；在制作面饼的面团中加一些；制作甜酥点心时，在烘焙前后撒一些；在蔬菜咖喱中加些现磨茴香子、姜粉和姜黄粉。

莳萝子

莳萝子（果实）与莳萝叶（参见第136页）属性相似，温暖而清新。如果不把莳萝子压碎，几乎没有香味。

营养价值

莳萝子是维生素C和矿物质的良好来源。

食用建议

炒甘蓝时加些莳萝子；将烘烤过的莳萝子加到素食调料酱中，用来做圆白菜或土豆沙拉；在烤胡萝卜或烤洋葱上撒些莳萝子；

在锅中加入切块的根菜，加少许莳萝子及碾碎的香菜籽和孜然；将欧防风煮至半熟，加入莳萝子及蒜盐搅拌均匀，再烘烤；将莳萝子加入到印度炖豆的混合香料中；将莳萝子放入油中煎炒，然后刷在烤好的面饼上；制作莳萝子黑麦面包；将莳萝子加入制作饼干或燕麦饼干的面团中。

八角茴香

八角茴香来自一种小型常青树的果实，原产于中国西南部和越南东北部，成熟后为星形果荚。每个果荚尖（心皮）都包有一颗光润的种子，但木质心皮香味最浓。八角茴香温热甘甜，几千年来一直是中国烹饪的代表，是五香粉的重要组成部分。在印度南部和越南，会用来烹饪大米和越南河粉。使用整粒八角茴香，味道突出，还有装饰作用。一旦磨碎，就平平无奇了。欧洲八角茴香子的味道与八角茴香类似，但与八角茴香无关。

营养价值

八角茴香是矿物质的良好来源。

食用建议

煸炒卷心菜或球茎茴香时，在锅中加入整粒八角茴香；在烤南瓜、红薯、芜菁前，在上面撒一些现磨的八角茴香；在做英式酥皮水果派的蜜饯水果或熟水果中加些八角茴香；在煮米饭前，先在锅中放一粒八角茴香，让米饭有香气；用五香粉和酱油把豆腐腌一下，然后切片，用来炒菜或搭配米饭。

肉桂和桂皮

肉桂和桂皮都来自热带小型常青树。肉桂原产于斯里兰卡，桂皮原产于中国南方。肉桂来自小树的嫩枝，比从成熟树木上割下的桂皮口味更细腻；桂皮的颜色更深、质感更粗糙，味道也更浓烈辛辣。肉桂更适合做甜食而桂皮更适合做菜，在北美，会把二者互换使用。

肉桂本身尝起来不甜，但它可激发出其他食材的甜味。在非洲、中东以及原产地，肉桂和桂皮主要用于做菜，烹煮中应尽早添加，以便有时间让树皮的香味渗透到菜肴中。肉桂粉应该在快出锅时加，否则会变得苦涩。

营养价值

肉桂和桂皮是矿物质的良好来源。

食用建议

将糖和肉桂粉混合后，在烘焙或烧烤软质水果（如桃子或无花果）前，在水果上撒一些，也可在新鲜水果沙拉上撒一些；在慢炖水果时加根肉桂棒；把肉桂及其他温性香料用作塔博勒沙拉的调味品；将肉桂棒浸在番茄酱中，用于埃及杂豆饭（混合了煮熟的扁豆、通心粉和米饭）的调味；在手抓饭、印度炖豆或咖喱的基本香料中加入一根肉桂棒或一片桂皮；在素食米饭布丁或隔夜燕麦上撒些肉桂粉。

肉豆蔻

肉豆蔻是许多欧洲传统烘焙、布丁和菜肴的标志性香料。肉豆蔻味道强烈，有苦甜味和木香味，可为甜味和菜肴增味。也很适合与其他香料搭配，尤其是肉桂、八角、黑胡椒和丁香。在快出锅时将其磨碎撒在菜肴上或用于烘烤。

营养价值

肉豆蔻是矿物质的良好来源。

食用建议

磨一些肉豆蔻末撒在煮熟的菠菜、南瓜、豌豆汤上；将肉豆蔻磨碎，用在素食苹果蛋糕或松饼中；将肉豆蔻磨碎加到法式白酱中，给蔬菜千层面调味；把肉豆蔻末撒在土豆泥上；与其他温性香料混合，撒在热米饭布丁上。

藏红花

藏红花属于珍贵香料，用量只需一点点就够，所以买自己能买得起的最好的藏红花，要从可靠的来源买，以避免买到“假的”藏红花。别买碾碎的藏红花，因为粉末经常会掺杂其他成分。在西班牙、印度北部，在北非、中东、中亚，藏红花赋予了甜品、菜肴、米饭丰富的金黄色调、异国情趣及微妙的香气。将藏红花浸泡在温水或汤液中，在快出锅时加入，或放入烤箱中低温烘烤直至变脆，然后磨末或捏碎，撒在做好的菜肴上。

营养价值

藏红花是维生素B_2、维生素C和矿物质的良好来源。

食用建议

在普通的蔬菜汤和炖菜中加入一点点藏红花点缀一下；在蒸煮蒸粗麦粉时，加一些浸过藏红花的水，搭配腌柠檬一起放在沙拉中；在慢炖梨、桃子或杏的汤中加入几根藏红花；用浸过藏红花的高汤做一道西班牙蔬菜什锦饭；在南瓜或蚕豆手抓饭上撒些藏红花水；在揉甜面包面团时加些藏红花水或植物牛奶。

丁香

丁香、肉桂和多香果有着相似的温性基调，是诸多混合香料的关键成分，如印度辛辣粉、中国五香粉、法国四香料、中东巴哈拉特混合香料等。在许多欧洲甜点中都有丁香，如圣诞节甜点中，印度和中国更多是将丁香用于制作菜肴。其香气会盖过其他味道，所以用量要少。如需研磨，只取用圆顶部分即可。

营养价值

丁香是矿物质和维生素K的良好来源。

食用建议

炖紫甘蓝和苹果时加一点丁香粉；煮米饭时，在水中加一两粒完整的丁香粒（吃前取出）；在胡萝卜扁豆汤中加一小撮丁香粉；将丁香和梨、榅桲或无花果搭配做甜点；制作泡菜时在泡菜水中加些丁香。

杜松子

杜松子来自一种柏科常绿灌木的球果种子，为带树脂光泽的紫黑色莓果。杜松子在食物中多用于菜肴，常见于法国、德国、意大利和斯堪的纳维亚半岛国家的菜肴中，特别是在德式酸菜中，与葛缕子是经典搭配。杜松子味道甜而温暖、带有一丝清新的松树味。干杜松子莓果很容易压碎，轻微揉捏有助于芳香油脂的释放。

营养价值

杜松子是矿物质的良好来源。

食用建议

用杜松子碎炖紫甘蓝和苹果；在烤甜菜根、抱子甘蓝或胡萝卜前，在上面撒一些加盐的杜松子碎；在柠檬或酸橙雪葩上撒一小撮杜松子；在素食巧克力松露或甜味能量球的混合食材中撒一撮杜松子碎。

多香果

多香果原产于中南美洲，是多香果树的果实，也被称为牙买加胡椒，在西班牙也叫作甜胡椒。然而，早在哥伦布到达之前，多香果就因具有疗愈和防腐特性而被玛雅人和加勒比人利用，还被用来给巧克力饮料调味。多香果传至欧洲和北美后，就摇身变为固化剂和酸洗剂，以及一种制作热饮料的香料。在牙买加，多香果算是基础香料，是牙买加调味料中必不可少的配料，也常见于埃塞俄比亚的柏柏尔辣椒粉和欧洲烘焙中。其味道醇厚温暖、带胡椒味。建议购买整粒的干多香果，并按需研磨。

营养价值

多香果是矿物质的良好来源。

食用建议

搭配黑胡椒和白色芥菜籽一起做成腌渍液，用来腌渍甜菜、胡萝卜或菜花；搭配月桂叶用来做甜菜根罗宋汤；慢炖李子时把一个多香果压扁后加进去；在小火慢烤的番茄上撒一点点多香果粉；给烤菠萝上撒一些；用来做牙买加豆米饭；在洋葱底料中加入多香果粉，用来制作手抓饭或者印度蔬菜焖饭；在油腻的姜饼中加一小撮多香果粉；在烤番茄和波洛蒂豆时加一点多香果粉。

胡卢巴

在中东、西亚、南亚，胡卢巴被用作草药、蔬菜和苦甜味的香料。市售咖喱粉中的麝香气味来自胡卢巴种子，胡卢巴种子也用于埃塞俄比亚的柏柏尔辣椒粉、南印度和斯里兰卡的南印酸豆汤、孟加拉五香料。将胡卢巴种子稍加烘烤后再碾碎或泡水，捣成糊状，味道会更为醇厚，香气也更浓郁；可用于炖菜和咖喱制作，帮菜肴增稠。种子也可以发芽（参见第95页）。

在印度、巴基斯坦，辛涩的新鲜胡卢巴叶子被称为香细叶，是一种常见蔬菜，经常与土豆搭配。

营养价值

胡卢巴的种子是钙、铁等矿物质的良好来源，新鲜叶子是矿物质和维生素C的丰富来源。

食用建议

在水果酸辣酱和调味料中加一些胡卢巴粉；将胡卢巴种子用水浸泡至发芽后加到沙拉中；在土豆和菜花咖喱中，加些干胡卢巴叶；将胡卢巴种子、芥末子和洋葱一起煸炒，然后加入红扁豆做成印度炖豆；做温性香料、腰果奶或椰奶时，加一些胡卢巴干叶或泡发的种子。

植物奶酪、酸奶、奶油和黄油

对任何一个素食者来说，找到既达到要求又能提供相应味道和质感的奶酪、酸奶、奶油和黄油的替代品，都是一个挑战。幸运的是，越来越多的植物来源的产品出现了，具有创业精神的生产厂家把谷物、坚果和豆类转变成对素食者友好的产品，这些产品品质高、口感柔滑，令人满意。许多植物来源的奶制品都强化了维生素和矿物质，但所含的钙和蛋白质依然比牛奶少，所以要确保自己吃到了富含钙、碘和蛋白质的食物，以避免营养缺乏。注意检查产品标签上的营养信息，并留心其含糖量，因为坚果和乳制品的替代品往往含糖量很高。

植物奶酪

植物来源产品面临的最大挑战是模仿硬质奶酪的质地及其复杂的鲜味。制造商和手工生产商使用各种植物食材，如坚果、大豆和椰子果来制作可以磨碎和融化的块状“奶酪”以及更细腻、更柔软、可用于涂抹的食品，各自使用的方法和最终产品千差万别。植物奶酪分为发酵和非发酵两种，植物发酵奶酪大多是硬质奶酪，用来代替切达干酪和其他味道浓烈的奶酪。大多数商业化生产的植物奶酪都是未发酵产品，添加了调味剂、增稠剂、脂肪和酸化剂，并强化了维生素B_{12}和钙。

最好的硬质奶酪替代品是使用素食者可用的细菌发酵并经陈化成熟的方法制作的，模仿真奶酪的制作过程，生产出的一种酸度、复杂香气和味道都与真奶酪相似的“奶酪”。许多植物硬质奶酪很容易融化，也有烟熏版本。植物帕玛森奶酪是由营养酵母（参见第155页）、坚果和盐混合而成的，可以磨成碎屑，撒在食物上面。一些手工植物奶酪值得加到奶酪盘里。

植物软质奶酪通常是由椰子油、增稠剂、调味剂和强化维生素制成的。现在有一些产品是由发酵的坚果奶和天然调味品制成的，含有较少（或不含）人工添加剂或防腐剂。它们可以作为里科塔奶酪、菲达奶酪、奶油奶酪、哈罗米奶酪和马苏里拉奶酪的替代品。

制作淡味涂抹软酱的方法参见第168页。

植物抹酱

冷冻货架上有很多素食者喜欢的黄油替代品，另外还有椰子油（参见第113页），它的性质与黄油非常类似，在25℃以下是固态的，超过25℃时变成液态，烹饪时可作为很好的黄油替代品。橄榄油抹酱适合浅炸，大豆抹酱适合涂抹，葵花子抹酱和牛油果抹酱适合烘焙。要注意的是，人造黄油虽然是使用植物油制作出的黄油替代品，但通常含有乳糖或乳清，所以应仔细检查标签。用植物抹酱烘焙时，可用等量的无盐植物软酱或人造黄油来代替黄油（大块的植物酥油最适合脆皮糕点）。大多数植物抹酱都强化了维生素和矿物质。

植物奶油

那些模仿奶油柔滑口感的产品通常是用燕麦、谷物、坚果或大豆制作的，添加了增稠剂和人造香料，通常可以很好地代替布丁中的乳制品，并且可以加糖或不加糖。有机椰子奶油是一种很好的无添加剂的乳制品替代品。可尝试用以下方法来制作自己的奶油替代品。

- 将丝滑的豆腐打至柔滑，如有必要可以加入无糖豆奶。
- 将椰奶冷藏后，取出上面厚厚的一层，打至起泡，形成一层厚厚的奶油。还可加糖调味。
- 将奶油质感、口味清淡的生腰果用水浸泡后放入强力搅拌机中，加入少量水，搅拌至光滑的奶油状。如果需要，可用细布或干净的布过滤。可以用来做调味品，或做冰激凌。为了看起来像酸奶油，可以加入柠檬汁（或酸橙汁）和营养酵母。

植物酸奶

大多数植物酸奶是由腰果、扁桃仁、大豆或椰奶制成的，椰子和大豆酸奶特别细腻润滑。大多数含有活的酸奶发酵菌，以提供乳酸菌风味，此外还添加了维生素和钙。可以用来做蘸酱、调味汁，也可以搭配布丁、水果或早餐。椰汁酸奶可以用来做咖喱。

营养酵母

营养酵母也被称为酿酒酵母，带有奶酪味和坚果味，在素食者饮食中很有价值。酵母在糖蜜（糖浆）中培养生长，这些糖蜜强化了矿物质，并且含有维生素B_{12}。营养酵母可以做成大薄片或细粉末，为菜肴增添鲜味。

营养价值

营养酵母富含蛋白质、矿物质和B族维生素。

食用建议

用营养酵母薄片代替帕玛森奶酪干酪碎制作意大利面和烘焙美味；放在爆米花、烤羽衣甘蓝脆片或烤蔬菜上；在汤或米饭中加入少许营养酵母粉；将豆腐切片裹上酵母粉和酱油；把营养酵母粉加到酱汁里制作植物奶酪通心粉；在慢炖小扁豆上撒一点营养酵母粉。

素食食谱

素高汤

大家可以使用几乎任意一种绿叶菜、根茎菜、豆子和葱蒜，自制健康的素高汤。高汤可以用来做汤、砂锅菜、炖菜、咖喱、意大利烩饭、调味酱和浓汤。

食材：

1个大洋葱，切碎（连皮）

3瓣大蒜，切碎（连皮）

从以下蔬菜中最多选8种：韭葱、芹菜、根芹、球茎茴香、胡萝卜、萝卜、欧防风、芜菁、甜菜根、土豆、红薯、南瓜、小胡瓜、嫩豌豆、蚕豆、圆白菜、羽衣甘蓝、菠菜、瑞士甜菜。

从以下香草中选2种，每种选几根：香菜（叶和茎）、欧芹、鼠尾草、百里香、迷迭香、牛至、茴香、月桂叶。

从以下香料中选1种以增香：新鲜姜片、姜黄根、八角茴香、整粒丁香、肉豆蔻碎、肉桂棒。

1茶匙黑胡椒粒

2汤匙白葡萄酒醋或苹果醋

1～2茶匙海盐

制作方法：

1 将蔬菜、香草和香料放入一个大炖锅中，加入黑胡椒、醋和2升冷水，盖上盖子，用大火加热。

2 水沸后，改小火慢炖2～3小时，需不时搅拌，关注水分是否充足。如有必要，可再添些水。

3 当高汤有香味散出时，关火。加入海盐调味，盖上盖子，放在阴凉的地方（不要放在冰箱里）过夜。冷却后味道会更浓。

4 第二天，把蔬菜和香草捞出不要，用一个大筛子把高汤过滤一下。将过滤后的高汤倒入干净的玻璃瓶或塑料容器中，盖上盖子，放在冰箱里，冷藏可保存5天，冷冻可保存2个月。

法式白酱

成为素食者并不意味着不能吃奶油味的、香甜美味的白酱。除了把黄油换成橄榄油，并使用植物奶，制作素食白酱的方法和传统的以奶制品为底料的白酱是一样的。

食材：

1汤匙橄榄油

30克白面粉

400毫升热的无糖坚果奶

1大撮现磨肉豆蔻

适量海盐和现磨黑胡椒

制作方法：

1 锅中放油，中火加热，撒入面粉并用木勺持续搅拌至油和面混合成一个光滑的球。

2 加入一点温热的植物奶，搅拌至完全混合。一点一点地加入植物奶，同时持续搅拌至奶糊顺滑。

3 植物奶全部添加完后，改大火，继续搅拌至奶糊沸腾并变稠。改小火，加入肉豆蔻、海盐和黑胡椒调味。

温馨提示：

制作芝士酱的方法是先按照上面的食谱制作法式白酱，然后加入1～2茶匙芥末和2汤匙营养酵母，搅拌。如果想要更浓郁的味道，也可以加入一些切碎的植物奶酪。

扁桃仁奶

无糖扁桃仁奶热量低、营养丰富。虽然其蛋白质含量低于牛奶和豆奶，但碳水化合物较少，不含饱和脂肪酸，富含维生素E。

食材：

150克生扁桃仁（带皮）

500毫升过滤水

制作方法：

1 把扁桃仁放在碗里，加入过滤水将扁桃仁都覆盖住。盖上盖子，放在阴凉的地方浸泡8～12小时或过夜。扁桃仁吸水后会胀大。

2 第二天，用漏勺或筛子将扁桃仁捞出，然后用冷水冲洗干净，将外皮剥掉不要。

3 把扁桃仁和泡扁桃仁的水一起放入搅拌机，盖紧盖子，高速搅打2～3分钟，直到混合均匀，变顺滑。

4 将扁桃仁糊包在细棉布中，用力挤压，榨出所有液体。

5 将滤出的扁桃仁奶倒入消过毒的瓶子或密封容器中。密封后可在冰箱中冷藏保存5天。使用前摇匀。

温馨提示：

若想要巧克力味的植物奶，可在扁桃仁奶中加入1汤匙素食可可粉并搅拌均匀。

米浆

米浆营养又美味，可用来替代坚果奶，自制更便宜，而且作为碳水化合物的天然来源，还带有自然的甜味。

食材：

115克糙米饭

500毫升过滤水

制作方法：

1 将糙米饭和水放入搅拌机，盖上盖子，高速搅打2～3分钟，直到混合均匀，变得顺滑。

2 将米浆糊包在细棉布中，用力挤压出所有液体。

3 将滤出的米浆倒入无菌瓶或密闭容器中，密封后冷藏在冰箱中可保存4天。

温馨提示：

可用白米代替糙米，但风味和营养成分相对较少。

小贴士

如果打算自己做所有的植物奶，可购买一个专门为制作植物奶设计的可重复使用的坚果奶袋，在实体店和网上都可以买到。

坚果酱

自己制作坚果酱，可以得到自己喜欢的味道和质地，同时避免棕榈油、糖和其他添加剂。想要味道更好，可使用脱壳生坚果，并在烤箱里烘烤一下。

食材：

500克脱壳生坚果仁，如花生仁、腰果仁、扁桃仁、澳洲坚果仁等

1汤匙葵花子油、花生油或其他植物油

适量海盐或喜马拉雅山盐（可选）

1～2汤匙龙舌兰糖浆（可选）

制作方法：

1 先预热烤箱至180℃。

2 将坚果放在大烤盘上摊平，烘烤10～15分钟，直到颜色金黄、散发香味。从烤箱中取出并冷却。

3 将冷却的坚果放入食品料理机中，打至略粗的沙粒状。若想要坚果酱有咀嚼沙感，可以在这个阶段取出3～4勺备用。

4 继续搅打，同时通过进料管逐渐添加植物油，时不时停下来，打开盖子，刮一下碗边，继续搅拌，直到坚果释放出油脂，就得到了油润滑腻的坚果酱（需要10～15分钟）。把上一步取出备用的粗磨坚果、盐和龙舌兰糖浆一起加入并搅拌均匀。

5 将坚果酱装入带螺旋盖的消毒玻璃罐中，入冰箱中冷藏，可保存2个月。

蛋黄酱

用鹰嘴豆罐头过滤出的豆液代替鸡蛋，可以做出美味、黏稠、丝滑的蛋黄酱。

食材：

50毫升从罐装鹰嘴豆中过滤出的豆液

1汤匙第戎芥末

1大撮盐

200毫升有机橄榄油（或花生油、牛油果油、葵花子油、菜籽油）

1汤匙白葡萄酒醋或柠檬汁

制作方法：

1 将豆奶油、芥末和盐放入搅拌机或无油的搅拌碗中，高速搅拌至起泡。

2 继续搅拌，同时缓慢而均匀地加入植物油（如果使用搅拌器，则通过进料管），直至呈稠奶油状。如果用的是手持搅拌器，可将油从罐子里缓慢地倒出，并不停搅拌。

3 植物油全部加完后，倒入醋或柠檬汁，轻轻搅拌。尝一下蛋黄酱的味道，进行调味，如果需要可加点盐、芥末或者醋、果汁。

4 倒入碗中立即食用，也可倒入有盖的塑料容器中，放入冰箱冷藏，可保存一周。

蛋白酥

只需用一罐鹰嘴豆，过滤出豆液，就可以做出美味的蛋白酥。搅打鹰嘴豆豆液可使其变得浓稠蓬松，是打发蛋清的绝佳替代品。

食材：

150毫升豆液（罐装鹰嘴豆的过滤液）

225克砂糖

1.5茶匙塔塔粉

新鲜浆果和巧克力碎（上桌时使用）

制作方法：

1 先预热烤箱至110℃。在烘焙纸上画一个直径23厘米的圆，将其作为一个烤盘。

2 将豆液倒入无油的电动搅拌器中（如果使用手持电动搅拌器，可以将豆液倒进一个无油的较深的搅拌碗中）。先慢速搅拌，然后逐渐增加到高速，搅打3～5分钟，直到形成蓬松柔软的峰尖。

3 将砂糖和塔塔粉放在一个小碗里搅匀，然后慢慢加入到打发豆液中，每次加大约2汤匙，高速搅打，直到全部混合完成。继续搅拌，直到蛋白酥变得稠厚有光泽，提起时峰尖保持不变。

4 把1满勺的蛋白酥倒在烤盘烤纸上，放到预热过的烤箱中烘烤。

5 烘烤2小时，直至蛋白酥表面变脆变干，然后关掉烤箱，将烤箱门打开一点散热。让蛋白酥在里面放置30～45分钟直到冷却。

6 搭配新鲜浆果和碎巧克力食用。

油酥面团

油酥面团的制作方法非常简单，只需要把所有食材都扔进食品料理机里就行了（如果没有食品料理机，也可以手工制作）。

橄榄油可让面团有光泽且不粘手。

食材：

300克全麦面粉，另外还需撒粉适量

90毫升精制橄榄油

1撮海盐

制作方法：

1 将面粉放入食品加工机的大碗中，加入橄榄油，搅拌至呈细面包屑状。加入盐和60毫升冷水，轻轻搅拌，直到形成柔软而不粘手的面团。如果没有食品加工机，可把面粉放在大碗里，将油和盐加到面粉里，用指尖揉，然后再加水揉匀。

2 台面撒少许面粉，将面团倒出，轻轻揉成光滑的面团。欲让效果最佳，揉面应轻柔，不能揉过劲儿了。

3 用保鲜膜将面团裹紧后放入冰箱里，冷藏30分钟后再使用。

小贴士

油酥面团很适合冷冻储存，所以可多做一份，冷冻起来备用，一般可保存3个月。使用前应放在冰箱冷藏室里解冻一夜。

香蒜酱

香蒜酱不仅可以用来当意大利面的酱料，也可以当蘸酱料或调味料，甚至可以加到其他酱料中。香蒜酱中的营养酵母赋予了它如假包换般的奶酪味，它还是矿物质和维生素如维生素B_{12}的重要来源。

食材：

50克新鲜罗勒

4汤匙松仁

4瓣大蒜（去皮）

3汤匙营养酵母

1/4茶匙海盐

1/2个柠檬汁

4汤匙特级初榨橄榄油

制作方法：

1 将罗勒叶从茎上摘下，与松仁、大蒜、营养酵母、海盐和柠檬汁一起放入搅拌机或食品料理机中，高速搅拌，直到成稠糊状。

2 在搅拌过程中，从进料口添加少许橄榄油和4汤匙水，每次加1汤匙，直至达到自己喜欢的稠度。

3 立即食用或装进消毒过的带螺旋盖的罐子中。用少许橄榄油覆盖香蒜酱有助于保鲜，密封后放入冰箱中冷藏可保存1周。随着时间的推移，香蒜酱可能会褪色，但用力搅拌后，颜色会神奇地复原。

植物奶油奶酪

浸泡腰果仁可以使成品口感顺滑细腻。不要跳过这个重要的步骤，应提前做好准备，把腰果仁浸泡一夜，第二天就可以用了。

这种味道浓郁的奶油奶酪用途是如此之广。加上自己喜欢的各种调味料，会得到各种甜味或咸味的奶油奶酪。

食材：

225克生腰果仁

120毫升椰子奶油

1汤匙柠檬汁

1汤匙白醋或苹果醋

1茶匙海盐

小贴士

低钠饮食者，或者想用植物奶油奶酪搭配甜点时，应该减少用量盐。

制作方法：

1 将腰果仁放入耐热碗中，加入与之齐平的沸水，浸泡至少2小时（最好过夜），然后沥干水分。

2 将浸泡过的腰果仁与椰子奶油、柠檬汁、醋和盐放入强力料理机中，搅拌至光滑、黏稠的奶油状。不时在搅拌机的杯子里刮一下搅打物，确保所有的食材都混合均匀，没有大块。

3 加入调料，增加味道，可根据个人喜好加盐、柠檬汁或醋。

4 将奶油奶酪放入碗中，盖上盖子，放入冰箱冷藏数小时（最好过夜）后再用。放入冰箱冷藏可保存1周，若冷冻可保存1个月。

鲜意大利面

大多数鲜意大利面都用了鸡蛋，大家可以在家里自制美味的无蛋意大利面，而且不用意大利面机也能做出很棒的意大利面。

食材：

300克粗麦粉，另需撒粉适量

1/2茶匙盐

150毫升温水

2汤匙橄榄油

制作方法：

1 把粗麦粉和盐放在一个大搅拌碗里，在中间挖一个坑，倒入温水和油，搅拌均匀，揉成光滑的生面团，做到盆光面光。如果太干，可加一点温水；如果太湿，可再加点粗麦粉。

2 把面团取出，放到撒了少许麦粉的台面上，揉约10分钟，直到面团柔软光滑。揉面的时候，用一只手把面团向内折叠，另一只手把面团向外推开。劲不要太小，要把面团拉到抻开。

3 用保鲜膜将面团包起来，放入冰箱冷藏至少30分钟。

4 如果家里有意大利面机，可按照说明将面团擀开。如果用手工做意大利面，可把面团切成4份，撒上麦粉。将其中1份取出，放在撒了少许麦粉的台面上，边撒麦粉，边擀成长方形，尽可能薄。试着把意大利面做得薄如纸。

5 将擀好的面片切成6毫米宽的长条，晾10分钟。如果面条很长，可以挂在椅背上。如果在刚擀好还很软时去煮，容易粘锅。

6 如果面太多一次吃不完，可以把面条团成一个个松散的圆柱，然后用锋利的刀把面切成可随时烹饪的意大利圆面块。

7 水中放盐，把意大利面放入大锅里煮3分钟，煮到稍软但还有嚼劲的程度，捞出。沥干水分，拌上香蒜酱（参见第167页）或自己喜欢的酱汁。

温馨提示：

鲜意大利面可冷冻保存。制作成面块，放在托盘上冷冻（有助于保持形状不变），然后转移到冷冻袋中，最多可以保存2个月。想吃的时候可从冷冻室取出直接煮。

小贴士

擀面时，用布把剩余的面团盖住，可保持面团柔软，避免变干。

比萨饼皮

可以用面粉、水和油做传统的比萨饼皮，但如果喜欢低碳水化合物饼皮，可以试试这个菜花饼皮。

规格：2个比萨饼皮（4～6人份）

食材：

1个大菜花（约675克）

2汤匙细亚麻籽粉

5汤匙温水

115克扁桃仁碎（或扁桃仁粉，或斯佩尔特面粉，或白面粉）

1小勺盐

1瓣大蒜（压碎）

1汤匙橄榄油

制作方法：

1. 烤箱预热至200℃。在两个大烤板上铺上烤箱专用纸。
2. 把菜花的茎和叶子去掉，菜花头分成小朵，放在食品料理机里搅拌至变成细碎均匀的面包屑状。
3. 菜花碎放入玻璃碗中，盖上保鲜膜，入微波炉，高火加热3～4分钟。如果没有微波炉，可用水蒸至变软。待冷却到可以处理时，把菜花碎舀到一叠厨房用纸或干净的棉布上，把水分压干。或者，用干净的棉布包上，然后挤压。
4. 在小碗里放入亚麻籽粉和温水，搅拌均匀，至少静置5分钟后再使用。最好在冰箱里冷藏15分钟。
5. 把菜花和扁桃仁碎、盐、大蒜放在一个大碗里，加入亚麻籽糊和橄榄油，搅拌至面团状。如果太干，可再加些水；如果太湿，加入更多的扁桃仁碎。
6. 把面团分成2份，每一份摊成圆形，放在烤盘上，用手压平，形成1厘米厚的圆饼。
7. 放入预热好的烤箱里烤15～20分钟，直到烤透，边缘金黄酥脆。
8. 将饼皮从烤箱中取出，把温度调到230℃，按自己的喜好放上馅料，例如自制番茄酱、去核黑橄榄、炒蘑菇、烤辣椒和植物奶酪等，再放入烤箱中烤5～10分钟后取出，切成片。

小贴士

亚麻“鸡蛋”是用新磨碎的亚麻籽和水搅拌而成，可使菜花饼皮粘在一起。

参考文献

1. Darmadi-Blackberry, I., Wahlqvist, M.L., Kouris-Blazos, A., Steen, B., Lukito, W., Horie, Y., Horie, K. 'Legumes: the most important dietary predictor of survival in older people of different ethnicities'. *Asia Pacific Journal of Clinical Nutrition*（2004）.
2. Craig, W.J. 'Health effects of vegan diets'. *American Journal of Clinical Nutrition*（2009）.
3. Barnard, N., Levin, S., Trapp, C. 'Meat Consumption as a risk factor for Type 2 Diabetes'. *Nutrients*（2014）.
4. Bouvard, V., Loomis, D., Guyton, K.Z., Grosse, Y., El Ghissassi, F., Benbrahim-Tallaa, L., Guha, N., Mattock, H., Straif, K. 'Carcinogenicity of consumption of red and processed meat'. *The Lancet Oncology*（2015）.
5. Cancer Council Australia; National Cancer Control Policy. 'Position Statement: Fruit, vegetables and cancer prevention'.（2014）.
6. Miura, K., Stamler, J., Brown, I.J., Ueshima, H., Nakagawa, H., Sakurai, M., Chan, Q., Appel, L.J., Okayama, A., Okuda, N., Curb, J.D., Rodriguez, B.L., Robertson, C., Zhao, L., Elliott, P. 'Relationship of dietary monounsaturated fatty acids to blood pressure: the international study of macro/micronutrients and blood pressure'. *Journal of Hypertension*（2013）.
7. Sacks, F.M., Lichtenstein, A.H., Wu, J.H.Y., Appel, L.J., Creager, M.A., Kris-Etherton, P.M., Miller, M., Rimm, E.B., Rudel, L.L., Robinson, J.G., Stone, N.J., Van Horn, L.V. 'Dietary Fats and Cardiovascular Disease: A Presidential Advisory from the American Heart Association'. *Circulation*（2017）.
8. Ahmed, S.H., Guillem, K., Vandaele, Y. 'Sugar addiction: pushing the drug-sugar analogy to the limit'. *Current Opinion in Clinical Nutrition and Metabolic Care*（2013）.

索引

致谢

关于作者

露丝·格洛弗（Rose Glover）是一名严格素食营养治疗师。她经营着一家咨询公司，为患有各种疾病的女性提供指导和支持，致力于研究激素、消化、睡眠和免疫问题以及植物性饮食之间的联系。

劳拉·尼克（Laura Nickoll）是一名编辑、美食与餐厅作家。她是美食作家协会（The Guild of Food Writers）的成员、超级美味大奖（The Great Taste Awards）的评委、《大厨用餐指南》（The Where Chef Eat Restaurant Guides）和《香料科学》（The Science of Spice）的特约作者。

图片出处说明

ShutterstockPhotoInc. 2–3 Rimma Bondarenko; 4–5 Romariolen; 6–7 Oleksandra Naumenko; 8 Diana Taliun (pea pods) ; 8 Antonina Vlasova (milks) ; 8 Fascinadora (jar) ; 9 Lost Mountain Studio (grains) ; 9 Yevgeniya Shal (asparagus) ; 9 Nopparat Promtha (grains in spoons) ; 9 Nina Firsova (coconut) ; 9 Eugenia Lucasenco (avocados) ; 11 Rimma Bondarenko; 19 Eskymaks (tofu) ; 19 Markus Mainka (chickpeas) ; 21 nadianb; 26 Jiri Hera; 27 Elena Veselova; 30 Sunny Forest ; 30–1 denio109; 38 zkruger (lentils) ; 38 Valerii_Dex (mango) ; 38 nesavinov (spinach) ; 38 Andy Wasley (tomatoes) ; 39 Magdalena Kucova (parsley) ; 39 Diana Taliun (beans) ; 39 Secha (tomato sauce) ; 39 HelloRF Zcool (avocados) ; 41 almaje; 43 QinJin; 44 Foxys Forest Manufacture; 46 Dionisvera (cumin seeds) ; 46 Medolka (tomatoes) ; 46 tarapong srichaiyos (garlic) ; 46 Tatiana Frank (aubergine) ; 47 mama_mia (sweet potatoes) ; 47 Maly Designer (spring onion); 47 olepeshkina (kale) ; 47–8 Svetlana Lukienko (leafy greens) ; 47 Nedim Bajramovic (turnips) ; 51 Ivanna Pavliuk; 52 stockcreations (potatoes) ; 52 Anna Chavdar (vegetables on wooden table) ; 52–3 Valentina_G (beetroot and carrots) ; 53 sarsmis (parsnips) ; 53 Sabino Parente (celeriac) ; 53 istentiana (vegetables in wooden box) ; 56–7 STUDIO GRAND WEB; 60 BEAUTY STUDIO; 60–1 Natasha Breen; 64–5 Fedorovacz; 68 Ferumov (wild garlic) ; 68 NUM LPPHOTO (shallots) ; 68 Nicole Agee (vegetables in box) ; 73 Tim UR (cauliflower) ; 73 images72 (savoy cabbage) ; 73 Alexander Prokopenko (red cabbage); 76–7 Azdora; 82 Africa Studio (asparagus) ; 82 abamjiwa al-hadi (corn) ; 82 KarepaStock (artichokes); 82–3 5 second Studio (fennel) ; 83 frank60 (okra) ; 83 ArtCookStudio (celery) ; 85 Avdeyukphoto; 88 Magdanatka; 89 JL-Pfeifer (mangetout) ; 89 AnaMarques (runner beans) ; 89 PosiNote (green beans); 89 Sea Wave (green peas) ; 91 Fernando Sanchez Cortes (sea lettuce) ; 91 Amarita (dried seaweed); 93 marco mayer; 96 Amawasri Pakdara; 98 inewsfoto; 100–1 margouillat photo; 105 kostrez (red and green lentils) ; 105 bitt24 (lentils in wooden bowl) ; 107 Svetlana Lukienko; 108 Krasula; 110 nabianb; 111 Valentyn Volkov; 117 SMarina (pumpkin seeds) ; 117 BarthFotografie (sesame seeds) ; 121 Africa Studio; 123 Evgeny Karandaev; 126 Africa Studio (flour) ; 126 Greentellect Studio (barley) ; 126 New Africa (flour); 127 StockImageFactory.com (semolina) ; 127 everydayplus (quinoa) ; 127 Vezzani Photography (popcorn); 129 Vladislav Noseek (oats) ; 130 GreenTree (grains) ; 131 Brent Hofacker; 132 Pavlo Lys; 136 bigacis; 138–9 Dionisvera; 142–3 fotoknips; 145 grafvision; 147 HandmadePictures; 148 zygonema; 150 Julia Sudnitskaya; 156 fototip (pasta) ; 156 Olha Afanasieva (béchamel sauce) ; 156 Gaus Alex (meringue); 156 Svetlana Zelentsova (mayonnaise) ; 157 Fascinadora (pesto) ; 157 Magdalena Paluchowska (butter); 157 Goskova Tatiana (milk) ; 157 Nataliya Arzamasova (pizza) ; 160 Lana_M; 163 Africa Studio; 164 Bekshon; 167 Billion Photos.

EDDISON BOOKS LIMITED
Managing Director Lisa Dyer
Commissioning Editor Victoria Marshallsay
Managing Editor Nicolette Kaponis
Copy Editor Laura Nickoll
Proofreader Claire Rogers
Indexer Angie Hipkin
Designer Louise Evans
Production Gary Hayes